室内设计师须知的
100个知识点

张　磊　郭瑞勇　主编

江苏凤凰科学技术出版社·南京

图书在版编目（CIP）数据

室内设计师须知的100个知识点 / 张磊，郭瑞勇主编
. —— 南京 ：江苏凤凰科学技术出版社，2023.9
ISBN 978-7-5713-3666-0

Ⅰ．①室… Ⅱ．①张… ②郭… Ⅲ．①室内装饰设计
－问题解答 Ⅳ．①TU238.2-44

中国国家版本馆CIP数据核字(2023)第134687号

室内设计师须知的100个知识点

主　　　编	张　磊　郭瑞勇
策 划 单 位	能清阁（北京）文化传播有限公司
责 任 编 辑	赵　研　刘屹立
特 约 编 辑	刘立颖

出 版 发 行	江苏凤凰科学技术出版社
出版社地址	南京市湖南路1号A楼，邮编：210009
出版社网址	http：//www.pspress.cn
总 经 销	天津凤凰空间文化传媒有限公司
总经销网址	http：//www.ifengspace.cn
印　　　刷	雅迪云印（天津）科技有限公司

开　　　本	787 mm×1092 mm　1/16
印　　　张	14
插　　　页	4
字　　　数	192 000
版　　　次	2023年9月第1版
印　　　次	2023年9月第1次印刷

标 准 书 号	ISBN　978-7-5713-3666-0
定　　　价	98.00元

编委会

主　编：张　磊　郭瑞勇

副主编：韩　军　彭　军　王　海　林锦熙

编　委：张　静　刘立洋　王君为　许科静　李　桦

　　　　李永会　杨金枝　徐　娜　赫长旭　董克健

参　编：于恒立　叶　城　田　喆　朱　钢　刘　菲

　　　　刘兆民　刘超超　李天伟　吴　垠　张书珮

　　　　周　波　姜啸琳　费　跃　秦建斌　韩　茹

　　　　魏　芸

参编单位

北京筑邦建筑装饰工程有限公司

中设筑邦（北京）建筑设计研究院有限公司

天津美术学院

北京工业大学

北京江河创建建筑装饰设计研究院有限公司

北京港源建筑装饰设计研究院有限公司

江苏省建筑设计研究院股份有限公司

北京熙空间建筑设计咨询有限公司

深圳市中装建设集团股份有限公司

北京丽贝亚建筑装饰工程有限公司

清华大学建筑设计研究院有限公司

北京华尊建设集团有限公司

中建八局第三建设有限公司

上海金茂建筑装饰有限公司

苏州青木年设计事务所

中艺建筑装饰有限公司

南通职业大学

序

继《室内设计师必知的100个节点》之后，众多室内设计专家们经过近三年的编撰，又为行业奉献了一本值得精读的好书——《室内设计师须知的100个知识点》。

本书既是《室内设计师必知的100个节点》的延续，阐述了室内设计的技术层面的知识，又是一部独立成书的室内设计指南，从细部节点扩展到了全过程、全方位的设计技术。本书同样采用了图文并茂的形式，是指导室内设计师拓展专业视野、提高技术能力的工具书。书中精选出的100余个知识点是30多位资深总工们讨论数十次的结果，既涵盖了设计业务的全过程，又体现了设计行业的发展趋势；既介绍了设计技术管理的流程和方法，又汇总了设计中的技术要点。

从2019年秋季启动到2022年秋季完成，我非常高兴地看到本书的编写者们能够沉下心来，专注于室内设计的技术研究，并将各自研究的成果和经验汇集成书，为行业的高质量发展添砖加瓦。专家们一方面要努力工作，保证设计业务持续发展；另一方面要克服各种困难，利用视频会议、小组讨论的方式不断完善书稿，以简洁的文字讲清楚复杂的问题。其间激烈的争辩和反复的推敲更是充分体现出他们认真、严谨的态度以及对室内设计专业的热心、公心、信心。

本书的两位主编都是室内设计行业的资深专家，现在都在我管理的企业工作，我非常了解他们。其中一位是我的同学，在大学教书多年，主持过各种类型的室内设计项目，管理过设计企业，尤其在建筑和室内一体化设计、展陈设计、生产设计方面经验丰富，获得了众多的奖项、荣誉；另一位是我的弟子，从清华大学毕业后就在我的指导下工作，主持设计过许多大型公共建筑项目，编写过行业标准，获得了教授级高级工程师职称，是多个行业协会的领导者，还是国家一级注册建筑师。他们对于设计技术的研究和管理都有着自己深刻的认识和独到的见解，并且具备室内设计行业全局的眼光和判断力。本书的副主编、编委们也都是经验丰富的设计专家，他们能够将自己几十年的学识和技术汇集成书，为从事室内设计行业的年轻人指引方向、解决问题，无疑是一件幸事。

正是因为有编写者们的辛勤耕耘，这本书才得以与读者见面，衷心感谢他们！

孟建国

中国建筑设计研究院总建筑师

北京筑邦建筑装饰工程有限公司董事长

中国建筑装饰协会设计分会会长

北京市建筑装饰协会会长

目录

第三章　建筑室内声学

第四章　建筑室内照明

第八章　绿色健康建筑

第九章　装饰装修BIM设计

第十章　装配式内装修

第一章

施工图设计阶段
的项目管理知识

设计项目管理是获得高质量设计成果的有效保障，通过建立设计质量管理体系，从组织、质量、进度、成本、信息管理等方面，采用科学的管理方法，实现设计的目标与价值。

在施工图设计阶段，项目管理的内容应涵盖设计策划、设计输入、设计执行、设计输出、设计总结与评估五个方面的工作内容。

知识点 1　施工图设计阶段管理流程

在施工图设计阶段，完善的管理流程是设计工作井然有序的保证，建立设计管理机制是施工图纸工作顺利开展的基础。

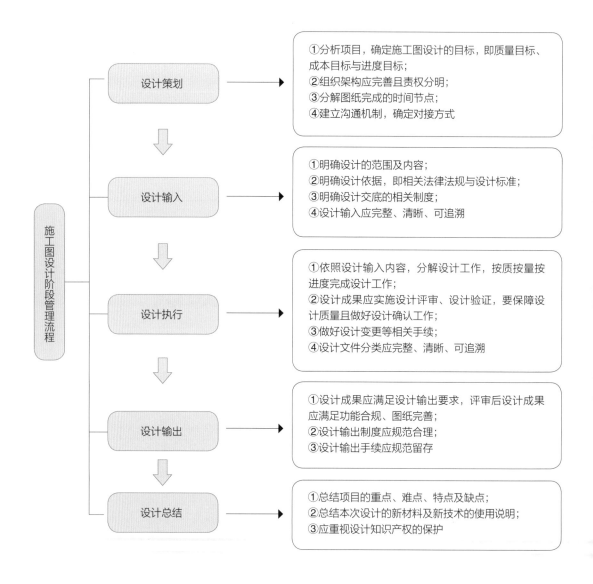

施工图设计阶段管理流程

设计策划
①分析项目，确定施工图设计的目标，即质量目标、成本目标与进度目标；
②组织架构应完善且责权分明；
③分解图纸完成的时间节点；
④建立沟通机制，确定对接方式

设计输入
①明确设计的范围及内容；
②明确设计依据，即相关法律法规与设计标准；
③明确设计交底的相关制度；
④设计输入应完整、清晰、可追溯

设计执行
①依照设计输入内容，分解设计工作，按质按量按进度完成设计工作；
②设计成果应实施设计评审、设计验证，要保障设计质量且做好设计确认工作；
③做好设计变更等相关手续；
④设计文件分类应完整、清晰、可追溯

设计输出
①设计成果应满足设计输出要求，评审后设计成果应满足功能合规、图纸完善；
②设计输出制度应规范合理；
③设计输出手续应规范留存

设计总结
①总结项目的重点、难点、特点及缺点；
②总结本次设计的新材料及新技术的使用说明；
③应重视设计知识产权的保护

知识点 2　设计策划

　　设计策划是设计人员针对项目特点编制施工图设计全过程的工作规划与预演。设计策划应包括且不限于项目概述、设计目标、组织架构、设计进度计划、设计质量管理措施等相关内容。

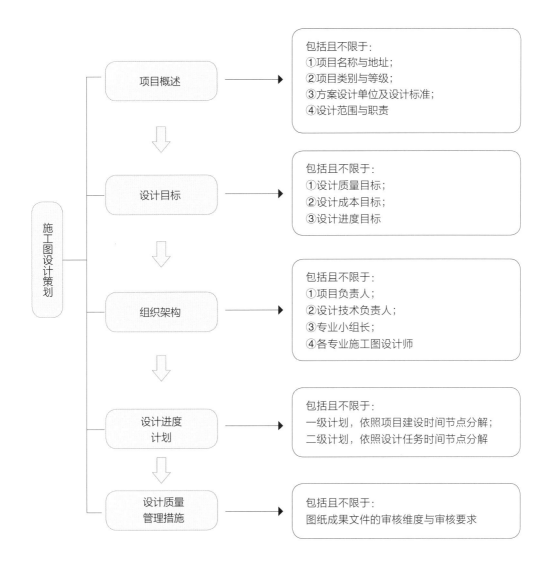

设计人员组织架构应专业完善且责权分明

施工图设计应设有专门的项目负责人，负责协调施工图设计工作以及与甲方、方案设计方、建筑设计方、一次机电设计方、各专业顾问公司等设计接口进行工作对接；同时，在条件具备的前提下，各专业应依照项目的实际情况进行专业配备及人员建立，如下图所示。

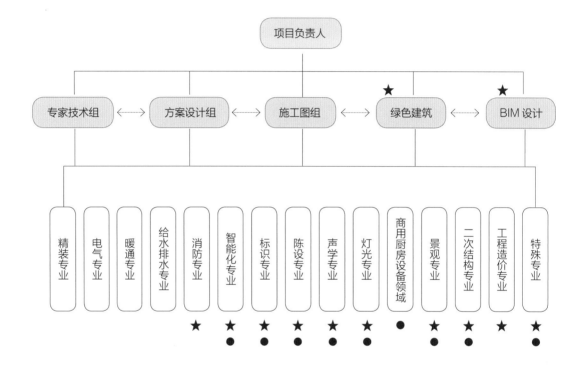

注：1 特殊专业主要指不同类型项目所需要的专项资质方可进行设计工作的专业，如净化工程、幕墙工程、园林工程
  等专业。
  2 对于不在设计合同范围内的设计专业及工作范围，行使设计配合责任。
  3 标★的专业通常不在装修专业设计合约范畴内，须另计专业设计费。
  4 标●的专业为选配项，应依照项目特点及设计合同约定内容进行相应调整。

设计进度分解应合理有效

设计进度计划表可采用Word、Excel 或 Microsoft Project 等软件进行编制，应从一级计划到二级计划逐级分解。

一级计划的进度目标须对标甲方的总体设计进度需求，并同步到建筑设计方、方案设计方、机电设计方等各相关专业设计单位的工作节点要求中；与各专业之间的工作对接及设计沟通等工作内容应在一级计划中进行规划与任务分解。

二级计划的进度目标为施工图设计团队绘制的图纸的详细分解，重点罗列适用于该项目的施工图设计工作内容、人员架构、绘制周期、绘制标准等施工图设计工作的规划与任务分解。

施工图设计进度计划表

编号：_____

项目名称				设计号		
设计阶段	□ 方案阶段		□ 施工图阶段	施工图设计工作周期		
一级计划		二级计划		工作时间（工作日）		参与单位（专业或部门）
序号	工作内容	序号	工作内容分解	开始日期	结束日期	
备注：						

参见设计策划中的施工图计划要求

施工图绘制的总时间。前提是收到各专业基础图纸并且方案已确定。基础文件是甲方的设计标准、确认版的方案设计图册、物料表、扩初图纸、机电专业设计图纸以及其他专业设计图纸等条件图纸文件，可以在此基础上规划施工图绘制时间

主要指甲方的设计工作总进度要求，可以是阶段性成果提交的时间节点或是与其他专业重叠的工作环节等重要工作节点

依照一级计划进行的详细工作分解

二级分解工作开始的时间

二级分解工作结束的时间

本阶段工作主要参与的专业或部门说明

设计质量管理措施

　　设计质量管理措施旨在保障设计成果有序输出，主要从图纸审核要求与审核维度两方面进行分析与执行。施工图设计成果提报前，应完成四级图审要求，即施工图设计小组自审、施工图设计项目内审、专业会审以及公司级图审。审图意见应形成审图记录表，且完整、清晰、可追溯。

　　完成施工图四级图审并修正后，根据项目特性，满足施工图数字化图审要求的，方可开展设计项目的施工图数字化图审程序。

　　四级图审审核维度与审核要点示意如下。

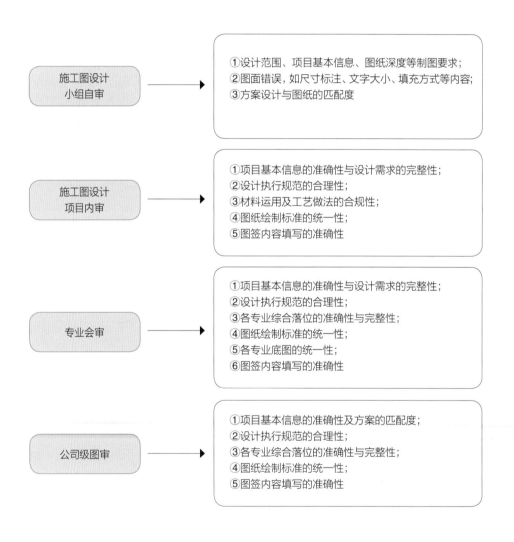

施工图设计小组自审
①设计范围、项目基本信息、图纸深度等制图要求；
②图面错误，如尺寸标注、文字大小、填充方式等内容；
③方案设计与图纸的匹配度

施工图设计项目内审
①项目基本信息的准确性与设计需求的完整性；
②设计执行规范的合理性；
③材料运用及工艺做法的合规性；
④图纸绘制标准的统一性；
⑤图签内容填写的准确性

专业会审
①项目基本信息的准确性与设计需求的完整性；
②设计执行规范的合理性；
③各专业综合落位的准确性与完整性；
④图纸绘制标准的统一性；
⑤各专业底图的统一性；
⑥图签内容填写的准确性

公司级图审
①项目基本信息的准确性及方案的匹配度；
②设计执行规范的合理性；
③各专业综合落位的准确性与完整性；
④图纸绘制标准的统一性；
⑤图签内容填写的准确性

知识点 3　设计输入

设计输入是施工图设计工作正式开展前，为了明确设计工作范围、工作内容及工作标准下所采取的工作方式，多由业主方组织相关设计方进行设计交底，并采用图文并茂的方式记录，经相关方签字确认后，方可进行施工图设计工作。

首先应在多专业协同的前提下，采用现场踏勘、设计交底、设计会议、往来邮件等方式进行沟通并记录整理为设计输入文件，作为施工图工作开展的前提。

依照《质量管理体系》（ISO 9001:2015）第8.3.3条设计和开发输入的相关规定，设计输入应针对所设计和开发的具体类型产品和服务，确定必要的要求。

设计输入应尽量详尽、全面，在设计输入过程中应明确施工图绘制互提条件的要求。设计输入的主要内容应包括如下信息。

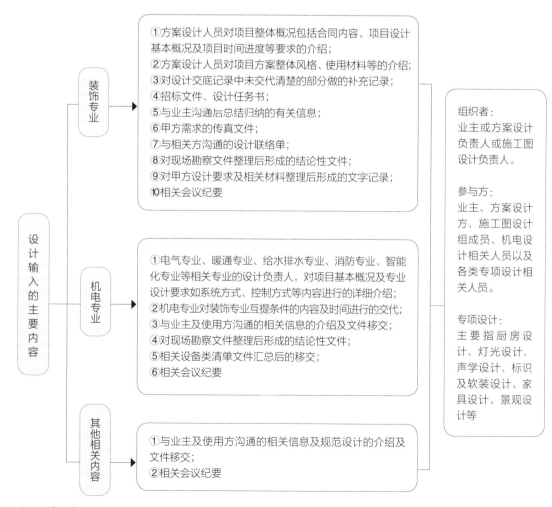

注：信息内容不局限于此图列出的内容。

知识点 4　装饰施工图内容

　　施工图设计阶段是方案设计向项目实施环节发展的重要阶段，经过审批签章的施工图设计成果文件即施工图是具有法律效应的技术文件，也是项目施工前期进行招标投标工作的依据，还是施工过程中及项目完结后进行结算的指导文件。

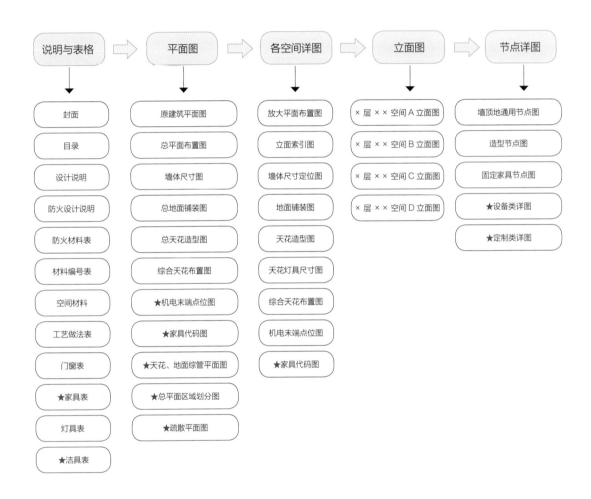

注：1　★标的图纸内容可依据项目规模、设计范围、施工图绘制标准等相关要求酌情绘制。
　　2　装饰施工图的内容包括且不限于以上内容。

知识点 5　施工图的制图标准

施工图的制图标准，须在国家相关法规要求的基础上进行延展，参考国内外优秀的室内制图表达方式，结合行业相关要求，制定符合自身实际情况的施工图制图标准。

从图面效果标准的层面来分析，施工图的制图标准应对施工图的成图系统、图纸幅面、图纸会签、线型要求、比例要求、尺寸标注、图例符号、图纸内容及深度要求等进行规范，国家对此均有统一规定，应在《房屋建筑制图统一标准》（GB/T 50001—2017）、《建筑制图标准》（GB/T 50104—2010）、《房屋建筑室内装饰装修制图标准》（JGJ/T 244—2011）的基础上进行制定与完善。

施工图的制图标准

标准名称	发布时间	实施时间	封面图示
《房屋建筑制图统一标准》（GB/T 50001—2017）	2017-09-27	2018-05-01	
《建筑制图标准》（GB/T 50104—2010）	2010-08-18	2011-03-01	
《房屋建筑室内装饰装修制图标准》（JGJ/T 244—2011）	2011-07-04	2012-03-01	

知识点 6 施工图设计协同

　　施工图设计是从图纸的角度对项目实施电子模拟推演，用图纸对装饰专业、机电专业、智能化专业、灯光专业、声学专业、厨房专业、IT机房专项专业、标识与陈设艺术专业、家具专业等设计工作进行提前规划、统筹及预控；材料使用与细节的收边收口、机电专业的管线综合与机电末端点位的精准定位以及各专业工艺基础条件的预留，均需要同步协同。

　　分解施工图设计工作中各专业的工作交接界面、交叉工作内容及工作时间等，可采用"设计互提条件通知单"作为设计协同工作中的沟通工具，以达到设计可追溯、可查询的要求。

设计互提条件通知单 ｜ 设计互提条件作业指导书

LBY-SJ-SH-03

项目名称			设计号			
设计阶段	□方案阶段	□深化阶段	提出条件			
序号	提出专业	负责人签名	提出条件内容	提出日期	接受专业	接受专业负责人签名
备注：						

提供的条件图纸。即各专业都要在此图的基础上提出提交要求。可以是装饰专业的平面图、天花平面图，也可以是专业之间的条件图，如空调专业提供给电气专业的空调图等条件图纸

针对条件图提出反馈意见及设计需求的专业

提出专业图纸的负责人或设计主持人

针对条件图提出的反馈意见及设计需求

接受条件图的专业

提出人提问题的时间

接受条件图专业的负责人或设计主持人

其他需要沟通解决的内容

施工图设计的注意事项

根据行业中优秀企业的施工图审核相关经验，归纳出施工图设计中易被忽略的注意事项，从"小细节大成本"着手，列举施工图设计项目应知应会的相关注意事项，分析说明如下。

施工图设计的注意事项

序号	注意事项	审核依据与分析说明
1	应符合建筑防火规范的要求	《建筑防火通用规范》（GB 55037—2022）； 《建筑设计防火规范》（GB 50016—2014）（2018 年版）； 《建筑内部装饰设计防火规范》（GB 50222—2017）等相关标准。 例如： a. 袋形走道的逃生距离是否满足规范要求； b. 新加建空间的疏散通道及人数是否满足规范要求； c. 房间面积对应的开门数量及间距是否满足规范要求； d. 新布局对防烟分区的范围设置是否满足规范要求； e. 材料防火等级及墙体耐火等级是否满足规范要求等
2	应符合安全性的要求	《民用建筑通用规范》（GB 55031—2022）； 《民用建筑设计统一标准》（GB 50352—2019）； 《住宅室内装饰装修工程质量验收标准》（T/CBDA 55—2021）； 《中小学校设计规范》（GB 50099—2011）； 《铁路车站及枢纽设计规范》（GB 50091—2006）； 《建筑构造通用图集》等各类别空间的设计规范及材料使用相关标准。 例如： a. 各类别空间的设计参数是否满足相关设计要求； b. 材料使用部位、面积、高度、厚度、安装工艺等是否满足相关规范要求
3	应符合绿色建筑与节能要求	《建筑环境通用规范》（GB 55016—2021）； 《民用建筑绿色设计规范》（JGJ/T 229—2010）； 《绿色建筑评价标准》（GB/T 50378—2019）； 《绿色商店建筑评价标准》（GB/T 51100—2015）； 《绿色办公建筑评价标准》（GB/T 50908—2013）； 《绿色工业建筑评价标准》（GB/T 50878—2013）； 《公共建筑节能设计标准》（GB 50189—2015）； 《公共建筑节能改造技术规范》（JGJ 176—2009）； 《公共建筑节能检测标准》（JGJ/T 177—2009）； 《民用建筑工程室内环境污染控制标准》（GB 50325—2020）等相关标准。 例如： a. 材料选用是否满足绿色环保等相关规范要求； b. 灯具与洁具选用是否满足节能设计等相关要求

知识点 8   施工图数字化审查

依照《房屋建筑和市政基础设施工程施工图设计文件审查管理办法》（住房和城乡建设部令第13号）及《住房和城乡建设部关于修改〈房屋建筑和市政基础设施工程施工图设计文件审查管理办法〉的决定》（住房和城乡建设部令第46号）第三条，国家实行施工图设计文件（含勘察文件，以下简称施工图）审查制度。

施工图未经审查合格的，不得使用。

根据全国各地数字化审查的特点，依照各地要求，提取相似之处进行要点分析。以北京市数字化审图系统为例，按照装修设计项目施工图数字化审查的相关要求，列举从建设单位开始进行审查的主要流程，具体流程如下。

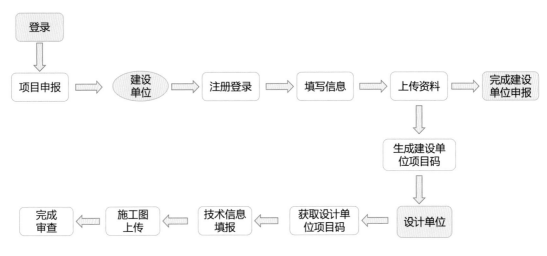

北京市数字化审图系统主要流程

建设单位申报登录步骤

建设单位申报网址为http://tzxm.beijing.gov.cn/，由此进入北京市投资项目在线审批监管平台。

北京市数字化审图系统报审登录页面示意：

北京市数字化审图系统登录页面

　　在申报过程中，如果有不确定信息可暂存，暂存成功后去"用户中心/多审合一"中查找暂存文件并编辑。

设计单位申报

　　北京市数字化审图系统报审设计单位申报页面示意：

北京市数字化审图系统报审设计单位申报流程

建设单位	勘察/设计单位	⑦ 常见问题答疑
检查项目申报		
1. **项目申报**	2. **技术信息填报**	3. **资料上传**
选择项目类型发起检查申报，获取项目码	对单体工程及其他设计信息进行填写、维护	按系统创建的专业目录进行图纸上传
检查项目申报	技术信息填报	施工图文件上传
审查项目补充资料		
1. **项目身份认证**	2. **技术信息填报**	3. **资料上传**
利用建设单位申报获取的项目码进行身份认证	对单体工程及其他设计信息进行填写、维护	按系统创建的专业目录进行图纸上传
获取项目码	技术信息填报	施工图文件上传

北京市数字化审图系统报审设计单位申报流程

　　设计单位申报应先获取项目身份认证，完成技术信息填报后，方可进行施工图设计文件上传。

　　首先，登录申报网站，进行项目登录及密码设置，牢记登录密码，获得设计单位项目码，方可进行下一步，按照项目登录。

其次，进行技术信息填报。此环节需要注意填报"基本信息"，应逐条对应填写，且图纸设计说明中的面积必须与平台填报数据一致。填报"其他设计人员信息"时，应选择公司四库一平台备案人员。

如果设计单位报审为装饰与消防联合报审，须上传消防专业的报审资料，增加消防设计单位及相关负责人信息；独立报审的可跳过该内容。

然后，将施工图设计文件上传。施工图应按照网站的具体要求进行上传，审核图纸应注意工程概况完整准确、防火设计说明内容齐全、防火分区及疏散平面图纸准确、平面墙体图例内容齐全，图纸上传时图纸命名、上传格式、电子签章均应规范。

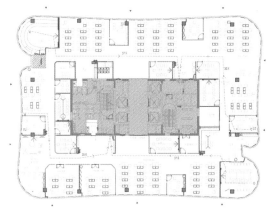

防火分区及疏散平面图示例
（图片来源：北京丽贝亚建筑装饰工程有限公司）

平面墙体图例
（图片来源：北京丽贝亚建筑装饰工程有限公司）

完成全册施工图纸上传后，进入程序审查，流程如下。

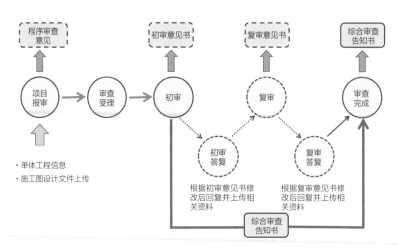

北京市数字化审图系统审查流程

施工图数字化审查结果

施工图文件初审后，针对需要进行复审的，设计单位应对需要复审的问题逐条在系统中进行回复、逐条修改图纸，修改后的图纸应与回复意见一致，并将确认修改完善后的施工图设计文件按规定报送复审。

审查单位将对报复审工程修改后的施工图设计文件进行复审，对需再次报送复审的出具复审修改意见书。施工图数字化审查意见通常分为"强条"与"非强条"。消防及人防专业的审查意见中"非强条"是指"多审合一"审查技术要点所规定的，违反工程建设标准中带有"严禁""必须""应""不得"的非强制性条文以及其他一些非强制性条文的问题。

审查通过的项目，会收到"北京市房屋建筑工程施工图设计文件综合审查告知书"，并可对本次项目的图纸审查进行审查评价。

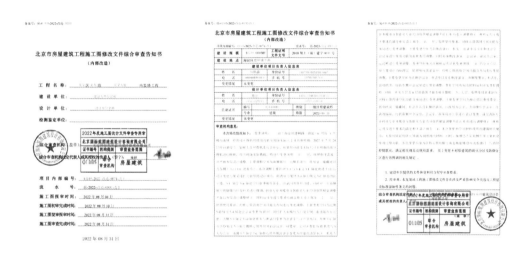

施工图数字化审查通过报告结果示例（图片来源：北京丽贝亚建筑装饰工程有限公司）

施工图数字化审查一审不通过报告结果示例（图片来源：北京丽贝亚建筑装饰工程有限公司）

施工图数字化审查一审回复意见示例（图片来源：北京丽贝亚建筑装饰工程有限公司）

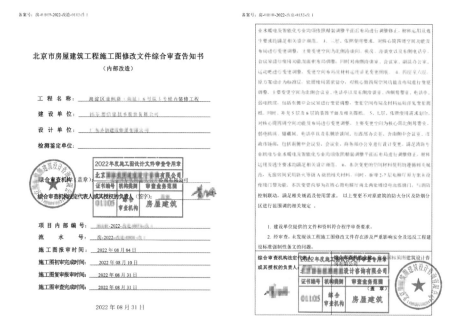

施工图数字化审查二审通过结果示例（图片来源：北京丽贝亚建筑装饰工程有限公司）

知识点 **9**　施工指导

　　施工图设计在合约签署中包含施工指导与配合工作的情况下，通常约定为施工图设计方在施工招标阶段进行施工图设计答疑工作，施工初期进行设计交底及协助材料认样工作，施工过程中进行设计变更、设计巡场、样板段协调确认工作，项目竣工阶段进行设计验收工作。

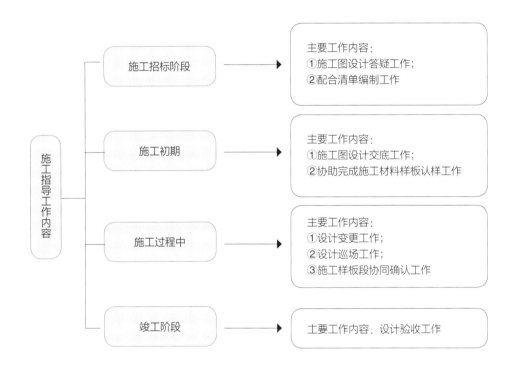

设计交底

设计交底是指施工图完成并经审查合格后，设计单位在项目实施前，针对施工图设计文件向施工单位、监理单位做出的详细说明。设计交底的目的在于使施工单位与监理单位正确理解设计意图，理解设计文件的重点、难点及特点，掌握施工标准，确保工程质量。

施工图设计交底通常由建设单位组织设计单位对施工承包方、专业分包方以及监理单位，就施工图纸的相关内容进行详细说明；设计交底对各专业的质量标准要求、进度要求及交底维度应统一标准，且交底信息一致，具体交底内容包括且不限于如下内容。

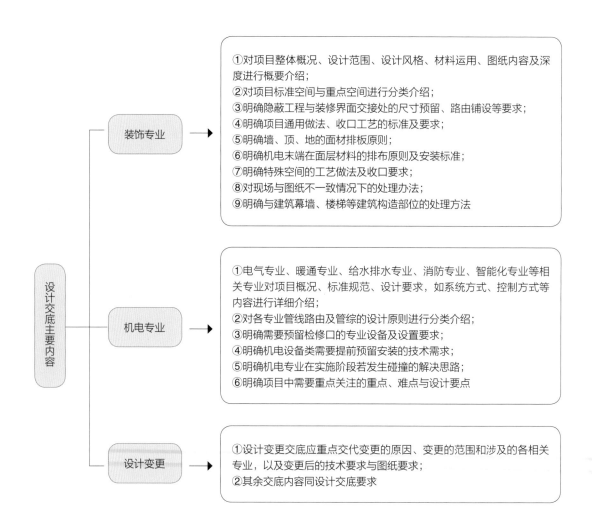

设计交底主要内容

装饰专业
①对项目整体概况、设计范围、设计风格、材料运用、图纸内容及深度进行概要介绍；
②对项目标准空间与重点空间进行分类介绍；
③明确隐蔽工程与装修界面交接处的尺寸预留、路由铺设等要求；
④明确项目通用做法、收口工艺的标准及要求；
⑤明确墙、顶、地的面材排板原则；
⑥明确机电末端在面层材料的排布原则及安装标准；
⑦明确特殊空间的工艺做法及收口要求；
⑧对现场与图纸不一致情况下的处理办法；
⑨明确与建筑幕墙、楼梯等建筑构造部位的处理方法

机电专业
①电气专业、暖通专业、给水排水专业、消防专业、智能化专业等相关专业对项目概况、标准规范、设计要求，如系统方式、控制方式等内容进行详细介绍；
②对各专业管线路由及管综的设计原则进行分类介绍；
③明确需要预留检修口的专业设备及设置要求；
④明确机电设备类需要提前预留安装的技术需求；
⑤明确机电专业在实施阶段若发生碰撞的解决思路；
⑥明确项目中需要重点关注的重点、难点与设计要点

设计变更
①设计变更交底应重点交代变更的原因、变更的范围和涉及的各相关专业，以及变更后的技术要求与图纸要求；
②其余交底内容同设计交底要求

设计巡场

　　项目进入施工阶段，设计方应及时跟踪并关注现场的实施情况，保障方案与图纸的落地性，通过设计巡场，发现现场与设计不符的地方，及时调整并完善设计方案。

　　设计巡场的频次应依据现场的设计进度规划，对巡场发现的问题及时沟通并通过图表的方式跟踪解决与整改。

设计巡查表

设计巡查表（巡查人：×××）							
工程名称				巡场时间		年　　月　　日	
施工单位				监理单位			
设计单位				物业单位			
检查专业	序号	问题说明	现场照片	解决措施	责任人	整改完成时间	
装饰专业	1						
	2						
电气专业	1						
暖通专业	1						
消防专业	1						
给水排水专业	1						
智能化专业	1						
广告标识专业	1						
其他专业	1						
	2						

（表格来源：北京丽贝亚建筑装饰工程有限公司）

设计验收

设计验收是对施工现场阶段性工作完成的检查与纠偏，检查各阶段施工质量、材料品牌、施工工艺等施工内容是否满足规范与设计要求，是否按图施工。设计验收通常分为隐蔽验收与竣工验收两个阶段。各阶段验收需有"验收记录表"，记录表应做到资料完善清晰，可追溯、可查询。

各阶段验收工作及验收内容要求

验收阶段	验收工作	验收工作内容
隐蔽验收	机电专业隐蔽验收	协同验收工作内容，包括且不限于：①检查管线路径是否按图施工；②检查综管管底标高是否满足装饰天花吊顶标高；③检查末端点位是否缺失等相关内容
	各类分部分项工程验收	协同验收工作内容，包括且不限于：①龙骨基层工程验收；②抹灰工程验收；③吊顶工程验收；④门窗工程验收；⑤饰面工程验收；⑥防水工程验收等。此部分验收工作及验收工作范畴内容，依照合约内容及验收要求酌情参与
竣工验收	竣工验收（又称为四方验收）	由建设方发起，验收内容包括且不限于：①对已完工项目进行方案效果确认，并检查现场实施是否按图施工；②检查已完工的现场布局是否满足规范要求及各相关方标准；③检查现场实施的材料运用是否准确且施工工艺是否满足规范与设计效果等相关内容

设计竣工验收样表（图片来源：北京丽贝亚建筑装饰工程有限公司）

知识点 10　设计资料管理

依照《质量管理体系》（ISO 9001）第7.5节成文信息的相关要求，对施工图设计阶段的资料管理应遵循成文信息控制，在适用时可分发、访问、检索和使用，且在创建和更新成文信息时，应具备标识和说明（如标题、项目名称、日期、设计团队、索引编号）、形式（如语言、软件版本、图表）、载体（如纸质版、电子版）以及评审和批准，以保持适宜性与充分性。

设计资料管理创建及更新要求

设计资料管理应采用文字材料、图纸文件、影像文件三个方面，对设计项目全过程进行设计管理。在创建和更新成文信息时，应进行标识说明，以便查阅使用。

设计资料管理创建及更新要求

阶段名称	文字材料	图纸文件	影像文件
施工图设计阶段	①设计合约；②会议纪要；③进度计划表；④设计输入文件；⑤设计评审文件；⑥设计验证文件；⑦设计输出文件；⑧设计确认文件；⑨设计成果移交单；⑩往来函件；⑪招标答疑文件；⑫现场确认文件	①原始建筑图、结构图、机电图等全专业图纸；②方案汇报图册、扩初图纸、效果图、物料手册等方案设计文件；③各专业设计模型文件，如BIM文件、方案效果模型文件等；④各专业间提供资料确认图；⑤合约范围内的专业施工图；⑥设计变更图；⑦专业厂家加工图；⑧专业计算书等设计文件	①现场踏勘照片与影像资料；②隐蔽验收照片与影像资料；③设计巡场照片与影像，其中须包含基层龙骨阶段、面层施工阶段、竣工阶段等各阶段的照片与影像资料；④专项施工及验收阶段的照片与影像资料

注：要求内容包括且不限于上表所列，可视项目的实际情况进行增减。

设计成果文件确认与移交手续

　　施工图设计文件确认并输出后，依照合约角色须对设计成果文件依照合约要求进行移交，移交手续须合规且要留存移交文件签认手续，以便查阅。

设计成果确认单

项目：		设计内容：	
发包人：		设计人：	
设计成果类型：		设计成果用途：	
□纸质图纸　　□电子文件 □材料样板　　□物料手册 □参考照片　　□其他		□给予确认　　□给予报审 □给予估算　　□给予招标 □给予施工　　□其他	

设计成果明细：

序号	设计成果名称	类型	规格	数量	备注

发包人已确认设计人提交上述设计成果，确认之日起设计人依据此成果开始下一阶段设计工作。

发包人确认（盖章及签字）：

日期：　　年　　月　　日

设计文件移交单

项目编号				项目名称						
序号	图纸名称	张数	份数	输出方式	内部审批	接收单位	接收人	日期	备注

知识点 11 设计总结与评估

　　施工图设计项目完成后，设计负责人应对项目进行总结与评估，提炼项目执行过程中的优点，如对新工艺、新材料的知识沉淀。对未实现策划目标的工作，应确定改进措施，应对未来的设计需求与期望，形成持续发展的设计项目管理体系。

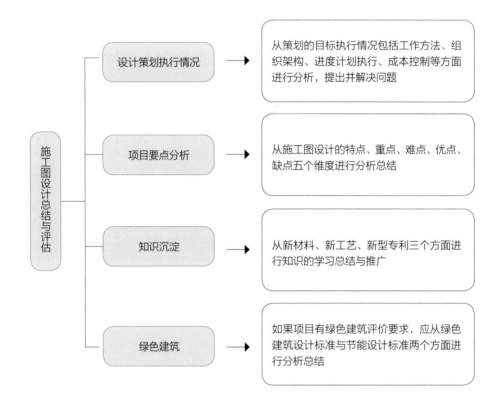

施工图设计总结与评估

- 设计策划执行情况 → 从策划的目标执行情况包括工作方法、组织架构、进度计划执行、成本控制等方面进行分析，提出并解决问题
- 项目要点分析 → 从施工图设计的特点、重点、难点、优点、缺点五个维度进行分析总结
- 知识沉淀 → 从新材料、新工艺、新型专利三个方面进行知识的学习总结与推广
- 绿色建筑 → 如果项目有绿色建筑评价要求，应从绿色建筑设计标准与节能设计标准两个方面进行分析总结

第二章

施工图设计
与深化设计

施工图设计流程一般包括七个环节：初步设计环节、优化设计环节、管线综合环节、细化设计环节、施工图编制环节、工程造价控制环节、施工招标咨询环节。

知识点 12　初步设计环节

●内装设计单位与业主方或指定的项目代表、建筑设计单位、专家顾问举行前置各专业讨论会，探讨可预见的建筑、结构以及其他设备、机电等相关专业问题，提出可行性解决方案，修正空间的平面布局，修正建筑空间与结构的关系。

●进一步明确项目设计范围、需求内容、设计程序，制订进度计划，以及与业主方作相关设计工作汇报。

设计周期进度计划表

天数	5	10	15	20	25	30	35	40	45	50	55	60
方案设计	■											
与业主沟通功能布局，收到方案调整意见及方案确认		■										
总平面图、总顶面图、主材计划		■										
熟悉原建筑水、电、暖通等专业图纸	■											
内装扩初设计（平面、顶面、主要空间立面）			■	■								
二次水、电、暖通、智能化等专业协调				■								
内装施工图设计					■	■	■	■				■
施工设计说明编制								■	■	■	■	■
设计概预算编制								■	■			
装饰主材物料表									■	■		
装饰辅材物料表									■	■		
软装、艺术品、家具、造型灯具等设计提案											■	■
施工图审查调整补充	施工图审查后 7 日内完成											
设计交底	根据业主指定的时间计划安排											

注：根据不同项目的规模与性质，项目进度计划周期应做相应的调整。

●初步设计内容一般包括各层平面图、顶面图、主要空间立面图、主要区域的机电点位图、拟用材料的色彩及样品图片、家具图片及备用品的图片。

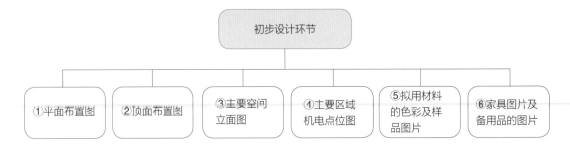

知识点 13 优化设计环节

落实初步设计环节提出的问题，并做出相关优化。

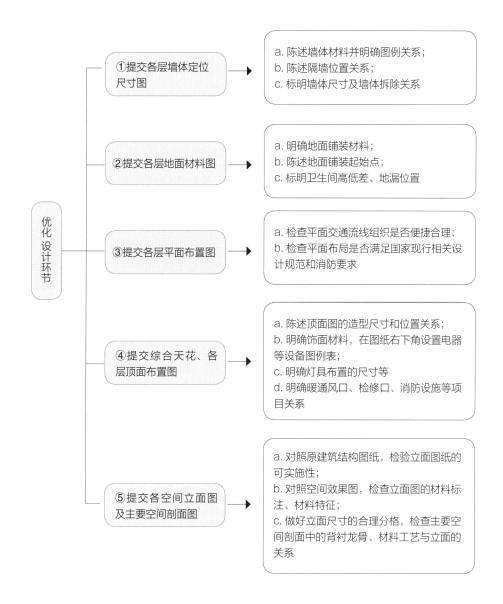

优化设计环节

①提交各层墙体定位尺寸图
- a. 陈述墙体材料并明确图例关系；
- b. 陈述隔墙位置关系；
- c. 标明墙体尺寸及墙体拆除关系

②提交各层地面材料图
- a. 明确地面铺装材料；
- b. 陈述地面铺装起始点；
- c. 标明卫生间高低差、地漏位置

③提交各层平面布置图
- a. 检查平面交通流线组织是否便捷合理；
- b. 检查平面布局是否满足国家现行相关设计规范和消防要求

④提交综合天花、各层顶面布置图
- a. 陈述顶面图的造型尺寸和位置关系；
- b. 明确饰面材料，在图纸右下角设置电器等设备图例表；
- c. 明确灯具布置的尺寸等
- d. 明确暖通风口、检修口、消防设施等项目关系

⑤提交各空间立面图及主要空间剖面图
- a. 对照原建筑结构图纸，检验立面图纸的可实施性；
- b. 对照空间效果图，检查立面图的材料标注、材料特征；
- c. 做好立面尺寸的合理分格，检查主要空间剖面中的背衬龙骨、材料工艺与立面的关系

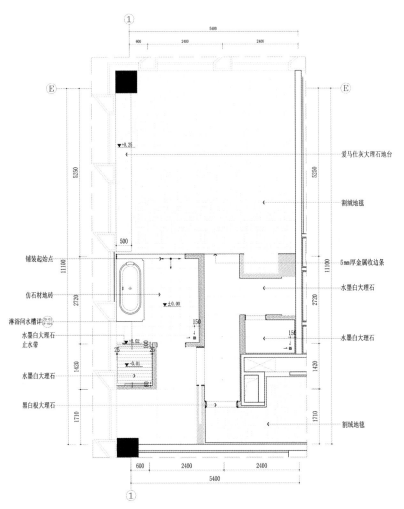

注：固定柜体地面基层处理为区域1:3水泥砂浆找平，厚度20mm。

地面铺装示意图

知识点 14　管线综合环节

　　室内设计师要认真阅读建筑及各专业图纸，了解建筑空间与管线之间的关系，及时发现管线综合问题，调整设计图纸，反馈给建设单位及施工单位。在装修施工进场之后，室内设计师应到现场勘察，比对机电图纸，判断管线的排布是否与吊顶造型及标高产生冲突，同时督促装修施工单位仔细读图、放线，提前发现管线综合问题。

施工现场管道

　　设计师还可通过BIM建模，利用三维实物图选择碰撞检查命令，扫描实物图模型，检查重叠元素，预判装饰施工当中不可避免的上下水管道、暖通管道、线路布设之间的冲突矛盾，查看冲突报告，调整工种重叠现象，改变碰撞单元。关于BIM设计的介绍详见本书第九章。

知识点 15　细化设计环节

细化设计环节是对前述两个环节设计成果的再次校正和检验。

●提交各层空间的平面布置图、平面索引图、平面放线图、地面材料图;

●提交各层空间综合天花图、顶面布置图、顶面放线图、顶面灯具定位图;

●提交各层主要空间分平分顶图、各层立面图、主要墙体剖面图;

●提交各层机电末端点位（含消防）设计图纸，陈述有关电器/设备、给水排水、强弱电、暖通空调等的点位;

●其他各种微小型空间详图、装饰细部大样图、节点图。

知识点 **16**　施工图编制环节

根据深化设计的图纸，结合原建筑设计的梁柱结构关系、机电设备管线等进行最后细部设计，对照行业现行标准及国家设计规范优化设计图纸并编制最终施工图。

施工图编制环节

① 完善建筑资料图、墙体间隔定位、装饰完成面尺寸图、各立面索引

② 完善天花图、天花造型尺寸及标高、灯具及设备端口的定位、节点索引

③ 检验机电配置图，机电设备定位，开关、插座平面定位

④ 检验给水排水配置图

⑤ 检验地面饰面图，地面材质区分，配置材料并标明编号

⑥ 检验室内立面图，陈述墙身高度、饰面、大型艺术装置、材料编号、节点索引

⑦ 检验施工大样图，陈述所有重要部位详细资料及安装工艺

⑧ 提交上述所有经检查的系统性的施工图设计文件

⑨ 样品规格说明，包括有关饰面、家具、地毯、灯具、五金手册、卫浴手册、艺术品示意资料

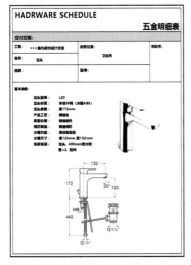

五金洁具表

知识点 17　工程造价控制环节

工程造价控制是一项庞大系统的工程，从确定项目总投资规模开始，通过工程量清单控制、限额设计、材料询价、减少签证、及时纠偏、多级审核等方法，达到控制工程造价的目的。设计阶段控制工程造价有以下几个重点环节。

工程造价的控制方法

①提高标准化设计 → 推广标准化和规范化设计有利于降低工程造价，节约时间，缩短施工周期。结合施工现场材料安装工艺的标准件能使工艺定型，提高工人技术水平，提高劳动生产率。另外，统一建筑构配件（如门洞尺寸、规格样式、窗台板、踢脚线、收口收边条等），节约材料，有利于降低构配件成本。标准化设计有较强的通用性，可重复使用，较为经济

②推行限额设计 → 限额设计是控制工程造价的主要手段，设计中各专业在保证达到使用功能的前提下，按分配的投资限额进行合理的设计，严格控制不合理变更，保证总投资额不突破，对设计方案、设备选型、参数匹配、效益分析等方面进行最优化的设计控制

③控制设计变更 → 设计单位认真做好图纸的审查工作，使设计阶段的工程预算更为准确。图纸本身不完善或设计深度不够，会造成施工阶段的设计变更增加，从而导致工程造价增加。如果有重大变更，应由业主召集监理单位、建筑设计院、相关专业施工方，会同内装设计单位进行多方会议，设计单位根据现场情况提出合理的解决方案，出具深化设计图纸，交业主方确认

④倡导建筑材料装配化 → 建筑材料装配化是近几年来建筑工业化中方兴未艾的趋势之一，目的是解决劳动力不足问题，减少对生态环境的破坏，减少大气污染和碳排放，同时也节约工程造价，响应国家的低碳经济目标

⑤优化设计方案 → 主要有以下流程：a.合并同类材料种类；b.优化材料安装工艺；c.减少主要功能空间地拆装；d.结合机电各专业，优化综合天花图纸中的检修洞口；e.延续建筑设计的理念并在此基础上优化

知识点 18 施工招标咨询环节

在业主方进行施工招标的工作中，协助业主方、业主指定的清单编制单位做好施工招标阶段的过程咨询工作。

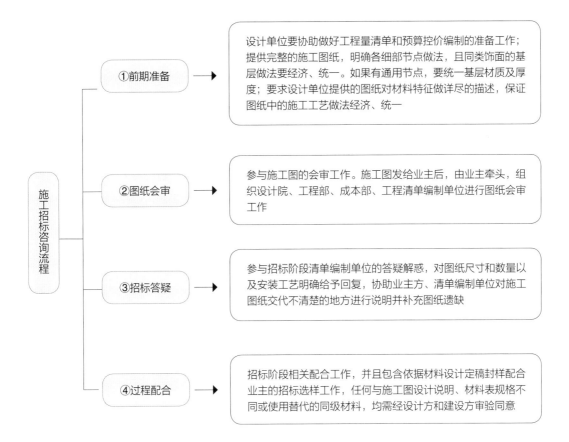

施工招标咨询流程

①前期准备 → 设计单位要协助做好工程量清单和预算控价编制的准备工作；提供完整的施工图纸，明确各细部节点做法，且同类饰面的基层做法要经济、统一。如果有通用节点，要统一基层材质及厚度；要求设计单位提供的图纸对材料特征做详尽的描述，保证图纸中的施工工艺做法经济、统一

②图纸会审 → 参与施工图的会审工作。施工图发给业主后，由业主牵头，组织设计院、工程部、成本部、工程清单编制单位进行图纸会审工作

③招标答疑 → 参与招标阶段清单编制单位的答疑解惑，对图纸尺寸和数量以及安装工艺明确给予回复，协助业主方、清单编制单位对施工图纸交代不清楚的地方进行说明并补充图纸遗缺

④过程配合 → 招标阶段相关配合工作，并且包含依据材料设计定稿封样配合业主的招标选样工作，任何与施工图设计说明、材料表规格不同或使用替代的同级材料，均需经设计方和建设方审验同意

知识点 19　深化设计管理流程

　　深化设计是根据施工现场的情况，对施工图进行调整、完善的设计工作。随着施工进度的不断推进，会发现一些施工图设计中的疏漏，需要深化设计的技术支持。根据施工过程中的重要节点，深化设计管理流程如下。

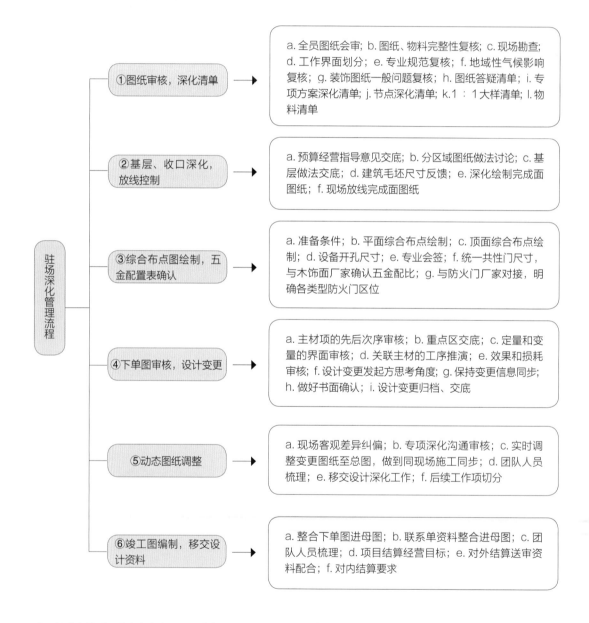

注：经过大量项目的实施和验证，此图的流程设置和阶段性工作内容描述基本适用于大多数项目，我们大致把深化周期分为六小阶段，贯穿深化全过程，对深化工作细则进行整理和罗列，以此来做驻场深化工作的推进和验收。施工项目是一个动态管理的过程，而深化工作的开展依附于项目进度的实际进展。

知识点 20 深化设计的工作关系

深化设计在装修工程中的作用与价值都是巨大的，不仅是施工过程中的生产辅助，还在前期设计、造价分析中有着支撑和协同的作用，与工程参建各方都有关联。

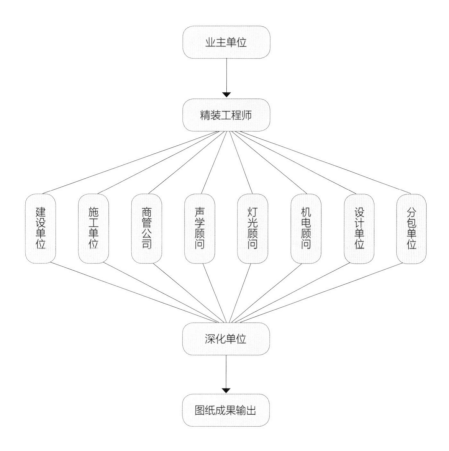

注：深化在项目参与过程中的运行逻辑，任何参建单位与深化单位和业主单位都可以形成一个"三角关系"的闭环，所有顾问或参建单位提供资料的要求都需深化单位落实到图纸上，深化也就衍变成了图纸的总扎口。

知识点 21　深化设计的协同管理

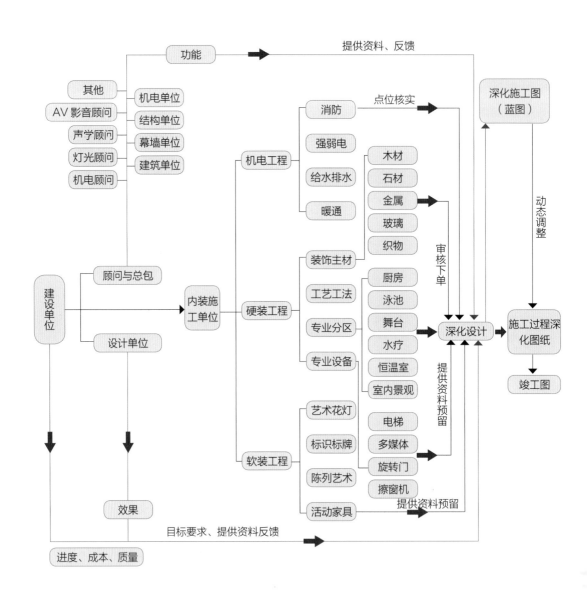

注：从以下两种参与模式来解读。第一种是在有图纸和清单的条件下施工进场，驻场深化更多是做辅助项目过程的施工，此时的深化重点在黑色线路指引的工作内容，小部分的工作量在于红色线路的沟通工作。第二种是以工程总承包（EPC）模式的招标进场（由方案设计单位做好方案，内装施工单位完善施工图），此时深化参与的过程周期是从施工图绘制直至项目竣工，需要完成的深化工作就区别于第一种模式，不仅要做施工生产的过程辅助，还需对接前半程的图纸深化工作（红色线路），需要和方案团队沟通，了解方案创意的意图和想要表现的效果；需要和各顾问单位沟通，了解他们的功能需求，满足场景应用要求或技术规范值；需要和业主单位沟通，了解项目的造价预控范围以及项目筹建的整体进度要求。

知识点 22 深化设计进度计划表

在完成某个项目的深化设计工作时，需要很多关联单位的协作并且往往会有很多客观条件的制约，所以必须在工作之初做好进度计划。对于时间计划点的设定，有两种途径可以达成。一种是正向累计，各制约因素先给出提供资料的时间或工作日，结合各专业的时间进行累计叠加，最后得到自己的计划时间。另一种是已经确定的最终的计划时间，这时在总的时间里做拆分，然后给到各家对此计划有制约的参建单位。在下表里可以看到需要提供资料的内容与下一步工作的衔接关系。

深化设计进度计划表

配合单位	图纸提交时间	提供资料要求和成果输出	与下一步工作的衔接	备注
以项目进场为工作起始点，图纸依据为业主下发的招标蓝图				
业主单位	3月1日	所有参建单位的综合图纸（建筑、幕墙、景观、内装机电、消防等）	看图、核图、审图	—
图纸深化单位	3月6日	设计及图纸的问题清单（完整性、错误、技术难度）	评估图纸的深化出图量	—
2月7日图纸答疑环节（所有平行单位都需要参加）				
设计单位	2月8日	设计技术交底，方案说明，确认部分面层材料	图纸深化工作启动、项目部二次材料样板	配合样板确认
声学顾问提供资料	2月8日	声学提供：墙体做法预览表或图纸节点，提供明确尺寸参数值	完成装饰隔墙图与完成面的准确预留	—
消防单位提供资料	3月10日	消防单位，提供消火栓位置与设备的尺寸参数	平面图需体现消火栓的位置和数量	—
暖通（地暖）单位提供资料	3月12日	地暖单位：明确分水器位置	平面机电图可体现分水器的位置	—
图纸深化单位	3月15日	综合放线图	施工：施工组织放线	不吻合（造型尺寸调整）；完成面线的推算由来需注意：结合清单组成以及特定的指导工艺
灯光顾问提供资料	3月20日	明确灯光点位数量及位置	提交给深化单位完成综合天花点位图	多方会签存档

续表

配合单位	图纸提交时间	提供资料要求和成果输出	与下一步工作的衔接	备注
消防单位提供资料	3 月 20 日	明确所有末端点位数量及位置（包含检修口）	—	—
暖通单位提供资料	3 月 29 日	明确所有出风、回风、新风、检修口的位置与数量，提供明确的尺寸参数	—	—
图纸深化单位	4 月 5 日	综合天花点位图	项目工程实施，施工可做顶面点位的定位和预留	铺助性定位
智能化及其他建筑设备专业提供资料	3 月 21 日	需提供点位及控制系统图	提交给深化单位完成平面机电点位图	—
机电单位	3 月 31 日	水电系统的末端控制点位		
图纸深化单位	4 月 5 日	平面机电图	施工：墙面工程实施	结合造型完成面线
图纸深化单位	4 月 22 日	结合设计变更，完成第一版深化图	先满足图纸的完整性，再去做深度的深化	确保平立面完整，完成部分节点
建筑安装单位	4 月 30 日	明确灯光点位数量及位置	深化解决，穿插到施工过程中	—
平行单位	4 月 30 日	施工过程中问题难点和收口节点	协调解决，细化专项深化节点	感应门、旋转门
图纸深化单位	5 月 10 日	结合设计变更，完成第二版深化图	配合主材下单	完成节点深化
内装主材供应单位	5 月 20 日	提交完整的深化下单图	审核下单	—
施工单位	5 月 20 日	竣工图要求、策划	完成竣工图	—
图纸深化单位	6 月 15 日	提交竣工图	图纸会签	深化工作结束

注：以上时间是各单位最晚提供资料时间，如果未能如期交付资料，需在例会上说明情况，如果影响到整体深化进度，深化设计节点也如期顺延。

知识点 23　深化设计策划的内容

　　深化设计工作的内容可以从"量"与"质"以及"生产进度"与"生产目标"几个维度来评估。根据工作量的松紧状态匹配合适的人群，在短期需要时增加人员应急。在工作内容的调配上，尽量安排可独立切割的工作内容。

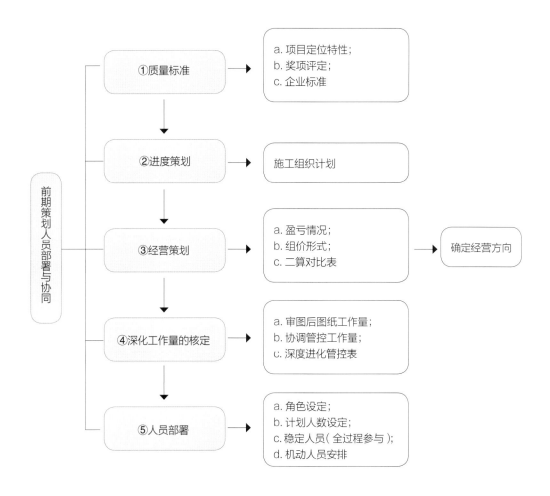

知识点 24 　深化设计的内容维度

内容的维度方向

①生产型内容 → 前期策划、前期准备图纸、答疑、优化、调整完善设计图纸不足、现场放线配合（问题解决）、重点、难点分析（深化图纸）、封样、项目经营、设计变更、图纸差异、报审材料下单、竣工图绘制

②沟通型内容 → a. 与对接平行单位（建筑、结构、幕墙、机电等专业）就精装交界面产生的技术问题进行沟通。
b. 综合协调管控内装技术分包单位：机电深化设计、主材厂家下单深化设计，软装深化设计，灯光、声学深化设计，特殊设备深化设计等

③管理型内容 → 工作计划、技术例会、深化人员管理、主材重点、难点下单交底及图纸审核、深化流程、方法路径传帮带

知识点 25 深化设计在投标前的价值创造

深化设计不仅是对施工图的完善，还包括针对项目投标的工作准备和面试讲标。首先需要了解招标文件里有没有针对深化的内容描述，一般在技术标部分里会有提及，需要对此项目深化设计，做深化重点、难点建议或优化建议。深化设计需要准备汇报文件，从成果形式上，尽量多样性输出，讲标时从不同维度进行成果阐述。

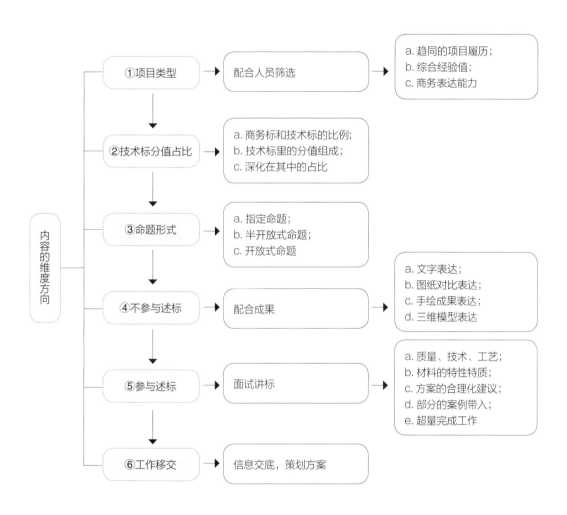

知识点 26 　深化设计读图方法

深化设计读图方法如下：

①用不同颜色的标签进行图纸楼层或区域的标示，方便图纸的取阅。

②通过描画平面的方式，对图纸的完整性进行梳理，这样可以迅速掌握图纸的缺失情况。

③通过彩色笔的描画，可以清楚且直观地看到不同材料的碰撞或收口关系，以及在主材下单时的关联关系。

④在图纸上做过程的路径记录，便于项目结束时的复盘和总结回顾。

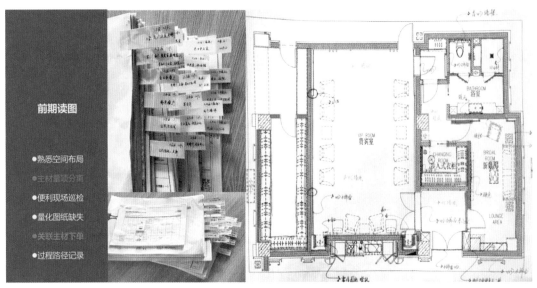

深化设计读图方法示意图

知识点 27 设计验线工作流程

由建设方牵头，施工单位组织相关现场技术人员对图纸进行消化，并结合现场组织图纸会审，提出问题。确定开工日期后，施工单位首先根据图纸进行现场定位与放线，这里主要讲设计验线工作的流程。什么是设计验线？验线与放线有着本质的区别，验线一般是由施工现场的深化设计师会同施工作业人员，依照装饰设计施工图对施工现场的条件进行复核，找出偏差后进行设计优化，而放线是施工单位对优化后的图纸进行墙体定位等工作。

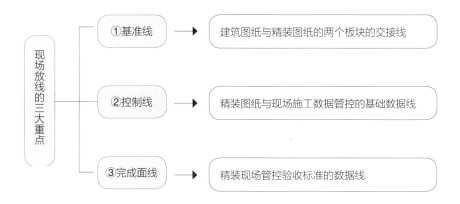

现场放线的三大重点
- ①基准线 → 建筑图纸与精装图纸的两个板块的交接线
- ②控制线 → 精装图纸与现场施工数据管控的基础数据线
- ③完成面线 → 精装现场管控验收标准的数据线

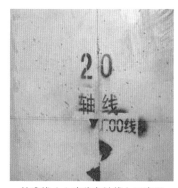
基准线（土建移交轴线）示意图

控制线（精装控制轴线）示意图

完成面线（精装完成面线）示意图

验线的工作不仅是检验墙体定位尺寸，还需要对装饰完成面与原建筑结构的关系、立面材料分格、顶面造型尺寸、顶面的灯具定位及设备端口定位等进行全方位的复核。下面就上述所讲的几个重点进行阐述。

①根据建筑移交轴线和建筑图纸尺寸制定精装现场要控制的标准轴线，统一建筑与装修的语言

②检验原建筑墙体与室内平面布局新建墙体的差异，检验墙体的隔墙材料、间隔定位、装饰完成面尺寸图

③检验所有顶面图的天花造型尺寸及标高、灯具及设备端口的定位、节点索引

④检验平面家具布置图对应的机电末端点位是否有偏差和遗漏，机电设备定位，开关、插座平面定位是否准确

⑤将上述检查的偏差和遗漏形成纪要，一一列明发给相关建设单位，结合现场与相关厂家就材料工艺及分格尺寸对原装饰设计图纸进行优化，会同原装饰设计单位出具相关设计变更，做好工地日志，为今后竣工验收资料做好前期工作

现场验线工作重点

知识点 28　石材排板及下单审核流程

石材下单图审核流程

①现场收线尺寸必须精确反映到平面图纸，作为排板依据

②提前预排板，制定符合原方案及公司要求的分割方案，向石材深化设计交底，主动控制

③预先解决好石材与其交界材料的收口问题，完善边缘的加工方法

④地面排板在与墙面交界时伸进墙内，墙面排板阴角交界时有一面需加长伸进另一面墙，阳角交界时注意原方案的收口方式

⑤要有展开面思维，不管什么形体关系，最后的图纸都会把面展开，要能分析想象展开后的形状、尺寸

⑥注意核对图中材料信息如石材品种、厚度、表面处理、有纹路的石材纹向等

⑦确定板块通用的交界边缘处理

⑧涉及开孔开洞的，必须有依据

⑨可以粘结的要求其粘结

知识点 29　石材地面排板与下单审核

排板交底原则如下：

①墙面完成面与地面分割对齐；

②墙面完成面与地面不锈钢对齐；

③地面分割与挡水条对齐；

④地面分割与坐便器中线对齐，并延伸至墙面；

⑤地漏要处于分割线交会处；

⑥块面大于1/2整块；

⑦块面板块大小尽量相同，偏差控制在10%；

⑧地面分割与淋浴房地面中线对齐，并延伸至墙面；

⑨地面分割与玻璃隔断中线对齐。

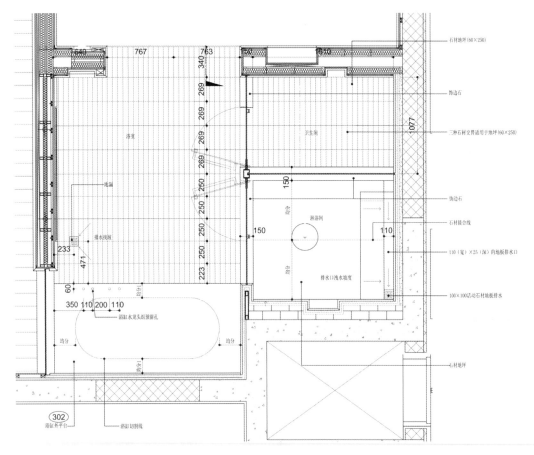

石材地面排板

下单审核流程

①检验完成面尺寸图，控制好不同材质的控制线和收口标准

②检验立面图纸中的材料，结合现场的建筑隔墙，以及材料安装工艺，跟生产厂家进行沟通，重新对墙面材料进行分格，优化设计图纸

③检验地面图纸中的材料，结合施工现场，检验地面材料的设计排板，及时反馈给生产厂家，由厂家进行图纸的优化

④区分地面材质，配合建设方对材料标明编号，节点索引

⑤将上述检查的偏差和遗漏形成纪要，一一列明发给相关建设单位，结合现场与相关厂家就材料工艺及分格尺寸对原装饰设计图纸进行优化，会同原装饰设计单位出具相关设计变更，做好工地日志，为今后竣工验收资料做好前期工作

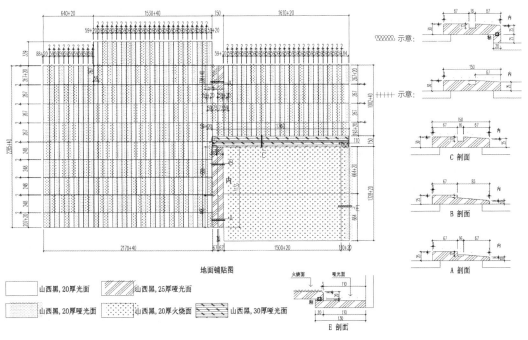

地面排板

知识点 **30**　　**木饰面排板与下单审核**

木饰面下单图审核注意点

①木作技术要求尺寸：一般门厚 50 mm，超过 50 mm 厚时需选用加长锁芯；做门密封条，门套左右折扣宽度 15 mm；装闭门器，门套上折扣宽度为 18 mm；门与门套三边空隙均为 2.5 ~ 3 mm；安装完毕后门离地约 7 mm

②五金配置为：合页 4 片，刷卡锁 1 副，闭门器 1 台，门止 1 个，密封胶条 6.2 m，门禁 1 个，防盗扣 1 副，挡尘条 1 副

③所有需要开孔的五金都需向家具厂提供样品，以供开孔

④客房入户门最重要也最贵的五金是刷卡执手锁，属于门禁系统的范畴，一般国外品牌酒店会有品牌要求，一般刷卡锁为甲供材料

⑤如果是金属框木质门，可以考虑像防火门一样门框冲压凹位或用子母合页，配自粘式密封胶条

⑥木饰面阳角最好尽量做出一体化的成品角，不要拆分

知识点 31 工程设计变更工作流程

在工程实施过程中，会发现一些设计错误，或者因为现场原因导致原有的设计难以实现，此时就需要设计单位出具设计变更单。设计变更单是后期工程变更验收和结算的唯一依据，要根据实际情况认真编制，严格执行。

工程设计变更流程

①现场实施生产过程中，当施工图不能准确指导施工，需要改变设计时，发出设计变更单

②设计变更单的发出需设计方、业主方、监理方、施工方四方共同签认后方可生效

③设计变更单附件内容 → a. 变更后区域图纸（变更图纸编号注明清楚）；
b. 设计师手绘变更意见或变更相关会议纪要（签字）

④设计变更理由要描述清楚。一般分为三种情况 → a. 现场土建问题，建筑图纸与现场不符导致原施工图无法指导施工；
b. 甲方对效果或造价调整，导致原施工图变更调整；
c. 设计方对现场设计效果调整，导致原施工图变更调整

⑤变更内容：内容描述要与变更图纸一致，描述简洁、清晰、完整

⑥变更评审：除变更区域外对其他区域或已完成工程量是否有影响，需要在设计变更单中体现清楚

设计变更记录单		SH · 06	深化设计管理

a. 进场一周内由深化负责人填写，项目经理签字确认；

b. 本单适用于项目启示阶段，对项目基础信息及造价、施工周期、深化工作量梳理，签字为凭；

c. 本单由项目负责人指定专人负责保存

▌**项目名称：**   ▌**变更编号：**

▌**变更理由：**

▌**变更内容：**

设计师签字＿＿＿＿＿＿＿＿＿＿

附变更图纸＿＿＿张，图号：＿＿＿＿＿＿＿＿

替代原图号：＿＿＿＿＿＿＿＿＿＿＿＿＿＿＿＿＿＿＿＿，原图纸作废。

▌**变更评审：**

□对其他组成部分有无影响：□无；□有，采取的措施：

□对已交付产品有无影响：□无；□有，采取的措施：

▌**变更后的甲乙双方的承诺：**

此单应与设计合同具有相等的法律效应。

凡设计变更内容涉及国家强制性规范条文内容，由甲方负责另行报请有关部门审核。

▌**设计单位（盖章）：**	▌**变更日期：**	年	月	日
▌**设计项目负责人确认：**		年	月	日
▌**施工项目负责人确认：**		年	月	日
▌**顾客/监理确认：**		年	月	日

（修订日期：2020 年 11 月 30 日）

设计变更记录单示意

知识点 32　材料封样工作流程

　　施工单位按照设计要求及招标清单的要求提供样品，经建设单位、设计方、监理单位同时确认样品质量，选定样品并签字确认。填写材料封样表，将材料封样单粘贴于材料表面，留存两份。一份样品留存施工现场，进行材料采购和对比，材料进场后经建设单位、监理单位对比样品复验合格后开始施工；另一份样品由现场负责人送入样品室，交由封样室人员专人保管。

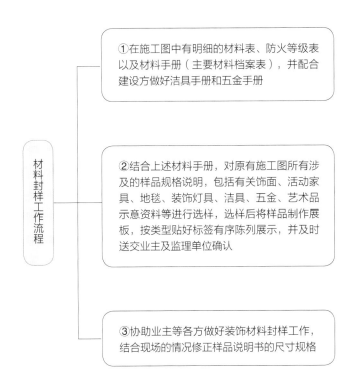

材料封样工作流程

①在施工图中有明细的材料表、防火等级表以及材料手册（主要材料档案表），并配合建设方做好洁具手册和五金手册

②结合上述材料手册，对原有施工图所有涉及的样品规格说明，包括有关饰面、活动家具、地毯、装饰灯具、洁具、五金、艺术品示意资料等进行选样，选样后将样品制作展板，按类型贴好标签有序陈列展示，并及时送交业主及监理单位确认

③协助业主等各方做好装饰材料封样工作，结合现场的情况修正样品说明书的尺寸规格

知识点 33 竣工图编制

工程竣工时应编制竣工图，竣工图一般由施工单位负责编制。应将设计变更单、工程联系单、技术核定单、洽商单、材料变更单、会议纪要、备忘录、施工及质检记录等涉及变更的全部文件汇总后，经建设方和监理单位审核，作为竣工图编制的依据。竣工图应依据工程技术规范按单位工程、分部工程、专业编制，并配有竣工图编制说明和图纸目录。竣工图编制说明的内容应包括竣工图涉及的工程概况、编制单位、编制人员、编制时间、编制依据、编制方法、变更情况、竣工图张数和套数等。

竣工图编制内容

①所有房间不能有图纸缺失，设备用房等简装房间若无立面，则需要有详细的材料做法表说明

②尺寸需现场测量后反映到图纸上（若项目部或预算员对现场尺寸有经营调整，应列出调整原则，统一调整）

③顶面天花高度与现场一致，灯具、检修口、风口数量按现场核对

④立面图若有转折，则需在图上表示清楚转折尺寸及材料说明

⑤立面图需体现强弱电开关面板及插座数量

⑥地面铺装图需将标高、材料表示清楚（波打线、过门石、收边压条等的材料及做法）

⑦图中标注索引及图号、图名与目录一致、正确

⑧节点部分基层标注与投标清单描述一致，目录图名与图纸图名一致，检查材料说明和施工说明及门表有无问题

⑨封面调整（编制时间需综合考虑）

第三章

建筑室内声学

环境声学已经成为人们关注的重点，室内设计中也要求设计师重视声环境的营造，包括噪声控制、吸声处理、隔声构造，既要避免声环境缺陷，又要计算大空间的混响时间。

本章选取了建筑室内声学的几个基本知识点，有助于室内设计师了解和掌握营造高品质室内环境的方法。对于专业的音质设计，由声学设计师完成，在此不详细介绍。

知识点 34　吸声构造

定义：通常是指吸声系数超过0.2的材料加岩棉加空腔或者吸声材料加薄板共振等构成的吸声（构造）体。

吸声材料（结构）按吸声机理分类：

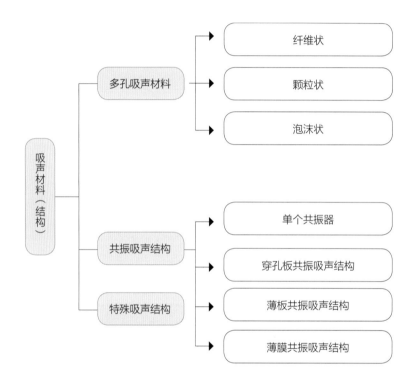

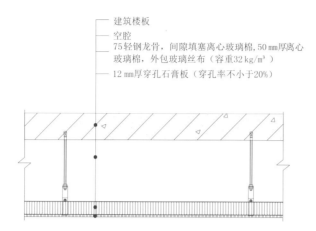

建筑楼板

空腔

75轻钢龙骨，间隙填塞离心玻璃棉,50 mm厚离心玻璃棉，外包玻璃丝布（容重32 kg/m³）

12 mm厚穿孔石膏板（穿孔率不小于20%）

常用吊顶吸声构造

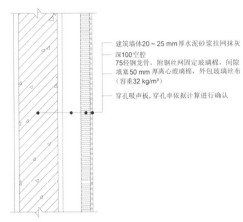

建筑墙体20～25 mm厚水泥砂浆挂网抹灰

深100空腔
75轻钢龙骨,附钢丝网固定玻璃棉,间隙
填塞50 mm厚离心玻璃棉,外包玻璃丝布
(容重32 kg/m³)

穿孔吸声板,穿孔率依据计算进行确认

有空腔吸声墙面构造详图

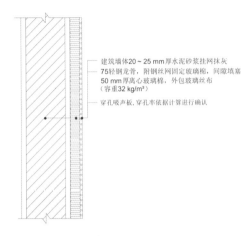

建筑墙体20～25 mm厚水泥砂浆挂网抹灰

75轻钢龙骨,附钢丝网固定玻璃棉,间隙填塞
50 mm厚离心玻璃棉,外包玻璃丝布
(容重32 kg/m³)

穿孔吸声板,穿孔率依据计算进行确认

无空腔吸声墙面构造详图

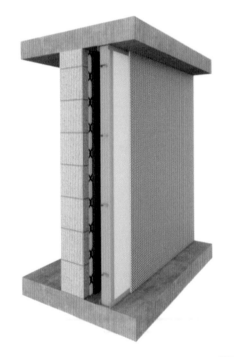

常用墙面吸声构造

注:墙面吸声构造分为有空腔及无空腔构造,空腔大小决定吸声特性,需由声学计算结果确定空腔的大小。

知识点 35　隔声构造

隔声量：确定某一空间或建筑物的使用功能，根据其结构或围护楼板的频带隔声量的测定值推导出单一值。

墙面材料面密度与隔声量之间的关系

材料名称	面密度（kg/m²）	隔声量［dB（A）］
铝板	2.6	21
	5.2	25
钢板	7.8	28
	15.6	34
	31.2	35
石膏板	8.8	25
	15.4	29
	24	31
硅酸钙板	11.4	24
	15.4	27
加气混凝土墙	70	39
	140	43
	200	45

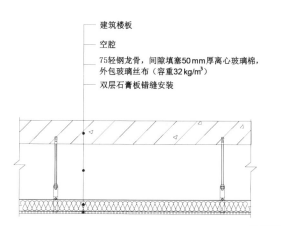

隔声构造图

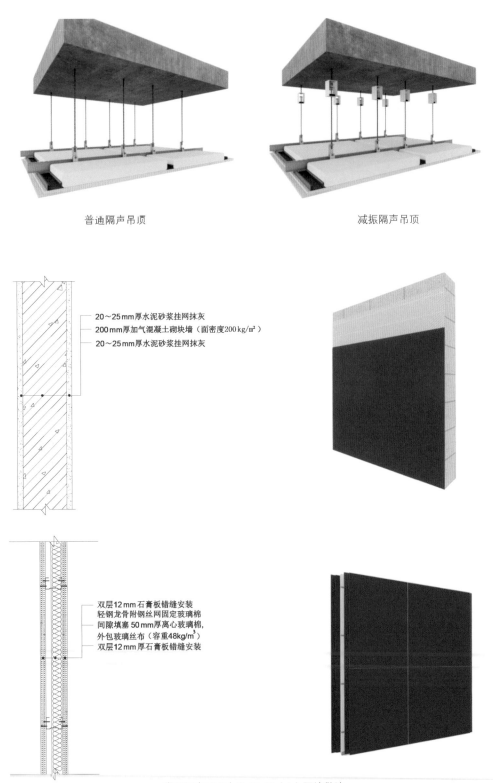

普通隔声吊顶　　　　　　　　　　　减振隔声吊顶

20～25mm厚水泥砂浆挂网抹灰
200mm厚加气混凝土砌块墙（面密度200 kg/㎡）
20～25mm厚水泥砂浆挂网抹灰

双层12mm石膏板错缝安装
轻钢龙骨附钢丝网固定玻璃棉
间隙填塞50mm厚离心玻璃棉，
外包玻璃丝布（容重48kg/m³）
双层12mm厚石膏板错缝安装

常用隔声量不小于45 dB（A）隔墙做法

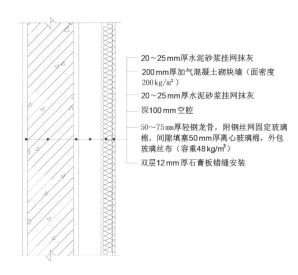

- 20～25 mm厚水泥砂浆挂网抹灰
- 200 mm厚加气混凝土砌块墙（面密度200 kg/m²）
- 20～25 mm厚水泥砂浆挂网抹灰
- 深100 mm空腔
- 50～75 mm厚轻钢龙骨，附钢丝网固定玻璃棉，间隙填塞50 mm厚离心玻璃棉，外包玻璃丝布（容重48 kg/m³）
- 双层12 mm厚石膏板错缝安装

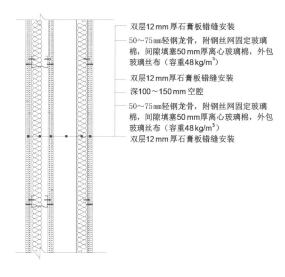

- 双层12 mm厚石膏板错缝安装
- 50～75 mm轻钢龙骨，附钢丝网固定玻璃棉，间隙填塞50 mm厚离心玻璃棉，外包玻璃丝布（容重48 kg/m³）
- 双层12 mm厚石膏板错缝安装
- 深100～150 mm空腔
- 50～75 mm轻钢龙骨，附钢丝网固定玻璃棉，间隙填塞50 mm厚离心玻璃棉，外包玻璃丝布（容重48 kg/m³）
- 双层12 mm厚石膏板错缝安装

常用隔声量不小于 50 dB（A）双墙做法

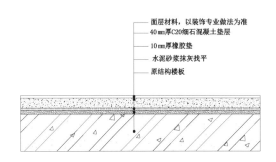

面层材料，以装饰专业做法为准
40㎜厚C20细石混凝土垫层
10㎜厚橡胶垫
水泥砂浆抹灰找平
原结构楼板

隔声地面常用做法

住宅空间空气声隔声标准

构件名称	隔声量［dB（A）］	高标准要求
分户墙、分户楼板	＞45	＞50
分隔住宅与非居住用途空间楼板	＞51	—
交通干线两侧卧室、起居室（厅）的窗	≥30	
其他窗	≥25	
外墙	≥45	
户（套）门	≥25	
户内卧室墙	≥35	
户内其他分室墙	≥30	

办公空间空气声隔声标准

构件名称	隔声量［dB（A）］	
	高标准要求	低限标准要求
会议室与产生噪声房间的隔墙、楼板	＞50	＞45
办公室、会议室与普通房间之间的隔墙、楼板	＞50	＞45
紧邻交通干线办公室、会议室的窗	≥45	
外墙	≥30	
其他外窗	≥25	
门	≥20	

混响时间

定义：在室内声音已经达到稳定状态后声源停止发声，平均声能密度自原始值衰变到其百万分之一所需要的时间。即声源停止发声后衰减60 dB所需要的时间。音质设计的重要指标，直接影响厅堂音质的效果。

一般混响时间计算公式（赛宾公式）：

$$T_{60} = \frac{0.161V}{S\bar{a}} \quad s$$

式中： V ——房间容积（m³）；
S ——室内总内表面积（m²）；
$\bar{\alpha}$ ——室内平均吸声系数。

不同使用功能的房间混响时间与房间容积之间的关系及各频率混响时间相对于500～1000 Hz的比值规定，如下表所示。

混响时间建议值（s）

房间容积 （×10³m³）	剧院		会堂、报告厅、多功能厅堂	电影院	
	歌剧	话剧、戏曲		普通	立体声
0.5～1	—	0.4～0.7	0.7～1.0	05～0.9	0.48～0.63
1～1.5	—	0.75～1.0	0.75～1.05		
1.5～2	0.9～1.3	0.8～1.1	0.77～1.1		
2～3	1.0～1.4	1.8～1.2	0.8～1.2		
3～4	1.1～1.5	0.9～1.25	0.85～1.3		
4～5	1.15～1.55	0.95～1.3	0.9～1.35	0.8～1.2	0.6～0.9
5～6	1.15～1.6	1～1.4	0.95～1.4		
6～7	1.2～1.7	1～1.45	0.98～1.42		
7～8	1.25～1.75	1.05～1.45	1.99～1.44		
8～10	1.3～1.8	1.1～1.45	1.0～1.45		
10～15	1.35～1.85	—	1.05～1.5	—	—
15～20	—	—	1.15～1.6	—	—

剧院混响时间计算表

项目	序号	装置位置与选用材料	表面积	125 Hz α	125 Hz S_a	250 Hz α	250 Hz S_a	500 Hz a	500 Hz S_a	1000Hz α	1000Hz S_a	2000Hz α	2000Hz S_a	4000Hz α	4000Hz S_a
室内基本吸声量	1	吊顶	871.30	0.26	226.54	0.15	0.00	0.08	69.70	0.06	52.28	0.06	52.28	0.06	52.28
	2	耳光室、面光桥	99.44	0.35	34.80	0.40	39.77	0.50	49.72	0.55	54.69	0.60	59.66	0.60	59.66
	3	门	43.65	0.13	5.67	0.15	6.55	0.20	8.73	0.25	10.91	0.30	13.10	0.30	13.10
	4	光控、声控玻璃窗	15.44	0.18	2.78	0.06	0.93	0.04	0.62	0.03	0.46	0.02	0.31	0.02	0.31
	5	乐池	111.16	0.01	1.11	0.01	1.11	0.02	2.22	0.02	2.22	0.02	2.22	0.02	2.22
	6	一层墙面（不锈钢）	9.60	0.23	2.21	0.12	1.15	0.05	0.48	0.02	0.19	0.03	0.29	0.01	0.10
		一层墙面（穿孔铝板）	37.68	0.69	26.00	0.89	33.54	0.96	36.17	0.96	36.17	0.85	32.03	0.87	32.78
		一层墙面（聚合微穿孔板）	72.92	0.15	10.94	0.60	43.75	0.94	68.54	0.87	63.44	0.77	56.15	0.59	43.02
	7	观众区地面	1080.26	0.01	10.80	0.01	10.80	0.02	21.61	0.02	21.61	0.03	32.41	0.03	32.41
	8	舞台开口附近墙面	108.40	0.01	1.08	0.01	1.08	0.02	2.17	0.02	2.17	0.03	3.25	0.03	3.25
	9	挑台天花	252.20	0.56	141.23	0.85	214.37	0.58	146.28	0.56	141.23	0.43	108.45	0.33	83.23
	10	栏板	92.22	0.18	16.60	0.33	30.43	0.16	14.76	0.07	6.46	0.07	6.46	0.08	7.38
	11	舞台台开口	162.00	0.40	64.80	0.40	64.80	0.40	64.80	0.40	64.80	0.40	64.80	0.40	64.80
	12	二层墙面（不锈钢）	17.42	0.23	4.01	0.12	2.09	0.05	0.87	0.02	0.35	0.03	0.52	0.01	0.17
		二层墙面（穿孔铝板）	26.40	0.69	18.22	0.89	23.50	0.96	25.34	0.96	25.34	0.85	22.44	0.87	22.97
		二层墙面（聚合微穿孔板）	139.19	0.15	20.88	0.60	83.51	0.94	130.84	0.87	121.10	0.77	107.18	0.59	82.12
	13	三层墙面（不锈钢）	28.60	0.23	6.58	0.12	3.43	0.05	1.43	0.02	0.57	0.03	0.86	0.01	0.29
		三层墙面（穿孔铝板）	38.68	0.69	26.69	0.89	34.43	0.96	37.13	0.96	37.13	0.85	32.88	0.87	33.65
		三层墙面（聚合微穿孔板）	295.31	0.15	44.30	0.60	177.19	0.94	277.59	0.87	253.92	0.77	227.39	0.59	174.23
	15	室内基本吸声量	3501.87		594.25		560.82		644.28		603.99		562.39		500.08
空场混响时间	16	座椅	1151	0.25	287.75	0.35	402.85	0.38	437.38	0.37	425.87	0.42	483.42	0.52	598.52
	17	S_a 之和	—		882.00		963.67		1081.66		1029.86		1045.81		1098.60
	18	T_{60}	—		1.73		1.56		1.36		1.44		1.31		1.13
满场混响时间	19	座椅及观众	1151	0.35	402.85	0.45	517.95	0.49	563.99	0.48	552.48	0.51	587.01	0.54	621.54
	20	S_a 之和	—		997.10		1078.77		1208.27		1156.47		1149.40		1121.62
	21	T_{60}	—		1.50		1.36		1.19		1.25		1.18		1.10

注：α 为吸声系数，S_a 为吸声量，T_{60} 为混响时间。

知识点 37　声聚焦

　　声聚焦是指凹曲面对声波形成集中反射的现象，它使声能集中于某一点或某一区域导致声音过响，而其他区域则声音过低，是音质设计中的缺陷之一。

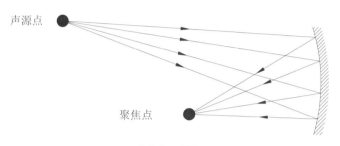

声聚焦示意图

声聚焦实景

知识点 38　吸声检测报告

我们通过查看材料的声学检测报告来了解材料及其构造的吸声性能，即对于某个频率的声音的吸声系数。

在检测报告中，会选取典型的几个频率的声音来代表人耳听阈的整个频段的声音，一般是倍频程。倍频程是指两个声音间的频率间隔比例为2，常用的倍频程为125 Hz、250 Hz、500 Hz、1000 Hz、2000 Hz、4000 Hz。

吸声系数是指入射声能被材料表面或媒质吸收的百分数，吸声系数越高，单位面积内吸声量越大。

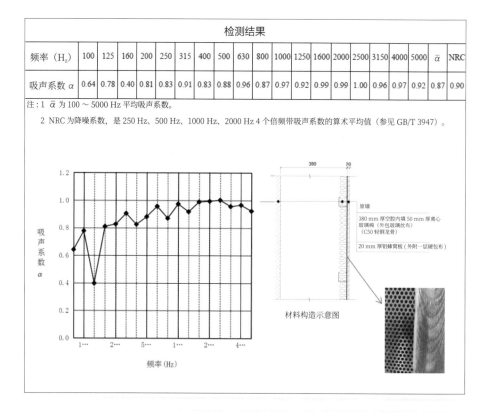

检测结果																			
频率（H$_z$）	100	125	160	200	250	315	400	500	630	800	1000	1250	1600	2000	2500	3150	4000	5000	$\bar{\alpha}$	NRC
吸声系数 α	0.64	0.78	0.40	0.81	0.83	0.91	0.83	0.88	0.96	0.87	0.97	0.92	0.99	0.99	1.00	0.96	0.97	0.92	0.87	0.90

注：1　$\bar{\alpha}$ 为100～5000 Hz平均吸声系数。

　　2　NRC为降噪系数，是250 Hz、500 Hz、1000 Hz、2000 Hz 4个倍频带吸声系数的算术平均值（参见GB/T 3947）。

材料构造示意图

说明：1　材料规格：1200 mm×600 mm×20 mm，材料面密度约4.1 kg/ m²；该样品面板、背板均为穿孔板，其穿孔直径5.5 mm，
　　　　　等边三角形排列，孔中心距8 mm，穿孔率约43%；材料面附一层硬包布。
　　　2　尺寸与安装方法：4.2 m×2.4 m 共10.08 ㎡材料安装在混响室内，周边有40 mm厚钢筋混凝土板围护。
　　　3　380 mm厚空腔内填50 mm厚离心玻璃棉，容重约35 kg/m³，安装构造如上图所示。

声学检测报告示意

知识点 39 建筑声学模拟计算

随着计算机的普及及其运算能力的提高，目前普遍使用计算机建立建筑空间三维模型，并使用声学模拟软件来计算空间的声学性能。

例如：采用专业声学模拟计算软件Odeon进行模拟计算，首先结合装饰施工图纸进行三维建模，同时对模型进行声学简化，将简化后的三维模型导入声学计算软件Odeon，在软件中设置声源点的各项参数，并对模型的各个界面进行参数定义，参数由材料的声学检测报告得知，下一步进行模拟计算，得到各项参数。

常用软件

二维制图	AutoCAD
三维建模	SketchUp
	Rhino
	3ds max
声学计算	Odeon

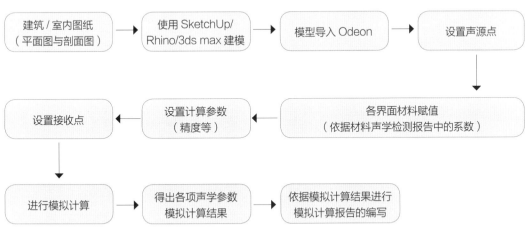

计算过程

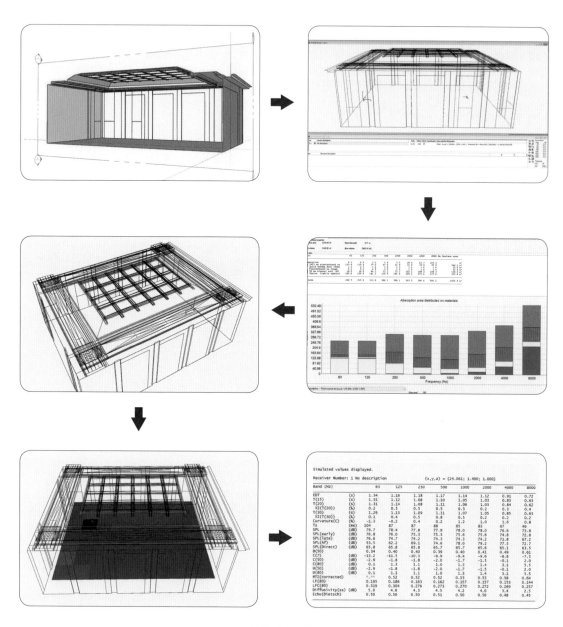

计算过程示意

第四章

建筑室内照明

照明是室内设计的要素之一，照明方式和照明质量对室内环境有着巨大的影响。本章介绍了照明的基础知识点和灯具的性能参数，有助于室内设计师更好地了解光、运用光，营造出高品质的空间环境。

室内照明设计一般涉及五个方面的工作：

①根据项目功能，了解国家标准中对照度、均匀度、显色性等的基础要求，实现良好的功能性照明。

②充分考虑使用者的年龄、室内场所的功能、室内装饰风格的差异与特点，确定适宜的照明方式。

③选择适当的色温、亮度搭配，尊重人体昼夜节律的特性，尽量避免眩光、频闪、蓝光，营造健康的室内光环境。

④根据对空间中自然采光的模拟，选择适宜的方式利用、控制天然光，并制定有效的遮阳方案。

⑤利用智能照明控制系统，对室内灯光进行集中管理，包括制定遮阳装置与灯光的联动方式、设置一键化情景模式的亮度分布、利用感应控制方式进行分区照明管理等。

知识点 40　可见光

　　来自太阳和宇宙的电磁波（俗称"光线"）具有不同的波长。人的眼睛能看到的波段叫作可见光，位于380～780 nm之间。电灯发出的光也属于可见光。

　　不同的光源，比如荧光灯、发光二极管（LED）等，发光原理不同。常用的LED灯具发出的白光，由R（红）、G（绿）、B（蓝）三色光混合而成。

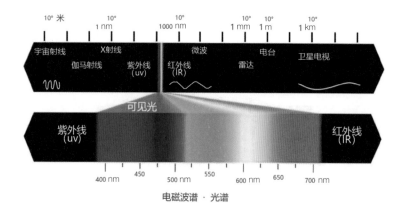

人眼的可见光范围

RGB 三色混合白光

知识点 41　灯具参数表

室内光环境的具体效果需用灯具参数来规范。灯具参数表是设计过程中试灯和封样的依据，其中既要有灯具的名称和编号，也要对特殊要求进行文字说明。

室内灯具参数表

项目名称	某企业展厅室内设计项目		灯具编号	T1
光源色温	3000 K	名称	嵌入式可调角度筒灯	
功率	10 W	光通量	≥ 850 lm	
灯杯颜色	黑色	配光曲线	对称式	
外观颜色	白色	光束角	36°	
光源类型	LED	统一眩光值（UGR）	<19	
防护等级	IP22	灯具效率	>65%	
边框效果	有白色边框	外观尺寸	直径 105 mm	开孔尺寸：φ95 mm
控制系统	智能调光	显色指数	$R_a \geq 90$	$R_9 \geq 50$
驱动要求	无频闪驱动	色容差	不大于 3 SDCM	
其他说明	①灯体材料采用优质铝合金，表面静电喷涂处理，高透光率扩散型 PMMA 控光罩； ②使用 50 000 h 后光通量维持率不低于 80%； ③灯具表面喷涂颜色与安装位置表面同色； ④所有灯具样品须经过灯光设计师和业主方确认，并经设计单位或室内设计师确认外观颜色，方可订货采购； ⑤所有 LED 光源产品，蓝光危害的安全级别要求为 RG0（无危险类）； ⑥所有筒灯的遮光角大于 30°； ⑦特殊显色指数是需要高度还原色彩的室内空间需要考虑的可选项			

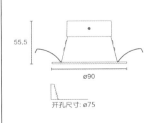

尺寸示意

外观示意

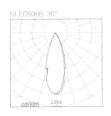

可调角度

配光曲线

知识点 42　色温

色温用来表示人眼感受到不同光波的颜色变化。当某一光源的颜色与某一温度下的完全辐射体（黑体）的颜色完全相同时，黑体的绝对温度为此光源的色温，单位为开（K）。

色温用来描述光颜色的冷暖。数值越高光环境越冷，数值越低光环境越暖。设计中通常划分为暖色温、中性色温、冷色温三种。数值区间见下表。

光源色表（表格来源：GB/T 26189—2010）

色表	相关色温（K）
暖白色	<3300
中性白色	3300~5300
冷白色	>5300

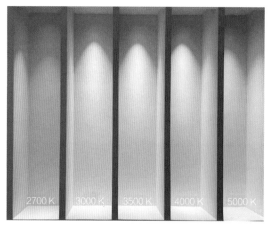

不同色温的灯光示意

在进行照明设计时，需要考虑色温和照度的搭配效果。暖光搭配低照度的光环境更易让人放松，冷光搭配高照度的光环境更易让人精神集中。

知识点 43　照度

照度是指物体单位面积上所得到的光通量，单位是勒克斯（lx）。照度是衡量空间光环境的重要指标，不同功能的空间对照度的要求也不同。

"照度等级可以用数值表示，大约在20 lx的水平照度下，能分辨人脸特征，以此作为照度等级的最小值，推荐照度等级为：2—30—50—75—100—150—200—300—500—750—1000—1500—2000—3000—5000 lx。"[摘自《室内工作场所的照明》（GB/T 26189—2010）]

为满足使用功能要求，各空间参照面和照度值也不同。具体数值可参看《建筑照明设计标准》（GB 50034—2013）。办公建筑照明标准值应符合下表的规定。

办公建筑照明标准值（表格来源：GB 50034—2013）

房间或场所	参考平面及其高度	照度标准值（lx）	UGR	U_0	R_a
普通办公室	0.75 m 水平面	300	19	0.60	80
高档办公室	0.75 m 水平面	500	19	0.60	80
会议室	0.75 m 水平面	300	19	0.60	80
视频会议室	0.75 m 水平面	750	19	0.60	80
接待室、前台	0.75 m 水平面	200	—	0.40	80
服务大厅、营业厅	0.75 m 水平面	300	22	0.40	80
设计室	实际工作面	500	19	0.60	80
文件整理、复印、发行室	0.75 m 水平面	300	—	0.40	80
资料、档案存放室	0.75 m 水平面	200	—	0.40	80

在设计中，需要考虑的照度面有以下几种：

①地面照度：行走地面的照度。主要场所包括走廊、走道、接待厅等。

②桌面照度：0.75 m成人使用桌子的高度。主要场所包括办公室、餐厅、会议室、阅览室等。

③垂直面照度：墙面或立式展板的照度。主要场所包括展厅、教室、谈话室、会议室等。

④半柱面照度：人脸或头部的照度。主要场所包括会议厅、报告厅、演播室等。

知识点 44　色温与照度的搭配

　　设计师需要根据空间的性质，搭配光源的色温和照度，营造与空间环境相适应的光环境。常用设计方法为：低照度搭配低色温，高照度搭配高色温。在办公和学习空间，一般选择4000 K色温、300~500 lx的照度水平。

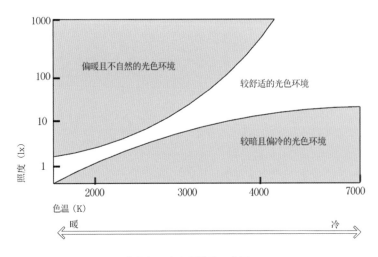

色温与照度心理描述示意图

4000 K 色温的教室实景

知识点 45 照度比

光环境是指与光产生的生理和心理效果相关的物理环境。光环境设计可以分为功能性照明和艺术性照明两种形式。

在工作和学习的空间中，需要考虑使用者的功能需求。除照度值外，应重视作业面区域、作业面邻近周围区域和作业面背景区域的照度比。照度比过大容易造成视觉疲劳。作业面背景区域的一般照明，其照度不宜低于作业面邻近周围区域照度的1/3。

作业面邻近周围照度（表格来源：GB 50034—2013）

作业面照度（lx）	作业面邻近周围照度（lx）
≥ 750	500
500	300
300	200
≤ 200	与作业面照度相同

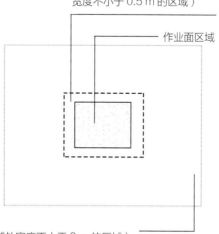

作业面邻近周围区域（作业面外宽度不小于 0.5 m 的区域）

作业面区域

作业面背景区域
（作业面邻近周围区域外宽度不小于 3 m 的区域）

作业面区域、作业面邻近周围区域、作业面背景区域的关系

　　在艺术效果方面，设计师可以通过提高重点照明与环境照明的照度比，来实现凸显视觉中心、营造艺术氛围的重点照明效果。

2：1　　　　　　　　　　5：1

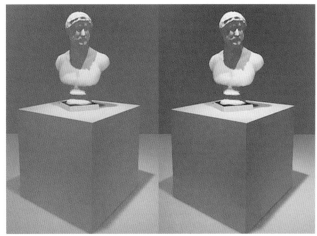

15：1　　　　　　　　　　30：1

不同照度比产生的效果示意

知识点 46　光通量

　　光通量是指人眼所能感觉到的光源辐射功率，可以理解为光源在单位时间内通过某一个截面的光能数量。光通量的单位是流明（lm）。

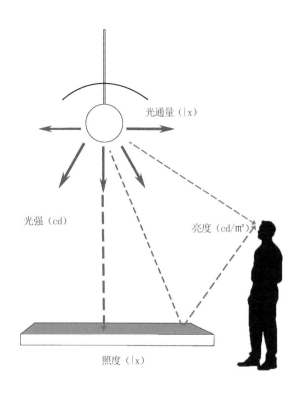

光通量、光强、照度和亮度示意图

　　光通量是描述灯具产品光源质量的重要指标，光源消耗 1 W电能发出的光通量越高，则越节能。在灯具参数表中，既要标出整灯功率值，用于用电量计算，也要标出光源的光通量。

知识点 47　灯具效率

灯具效率是指在相同的使用条件下，灯具发出的总光通量与灯具内所有光源发出的总光通量之比。

在灯具的结构中，反射杯和透镜对光源光通量的损耗，导致灯具效率的不同。灯具效率越低，灯具的可利用率越低，耗电量越大。在设计中要考虑灯具类型，灯具效能不应低于国家标准的要求。

LED筒灯的效率（表格来源：GB 50034—2013）

色温	2700 K		3000 K		4000 K	
灯具出光口形式	格栅	保护罩	格栅	保护罩	格栅	保护罩
灯具效率	55%	60%	60%	65%	65%	70%

LED平面灯具的效率（表格来源：GB 50034—2013）

色温	2700 K		3000 K		4000 K	
灯具出光口形式	反射式	直射式	反射式	直射式	反射式	直射式
灯具效率	60%	60%	65%	70%	70%	75%

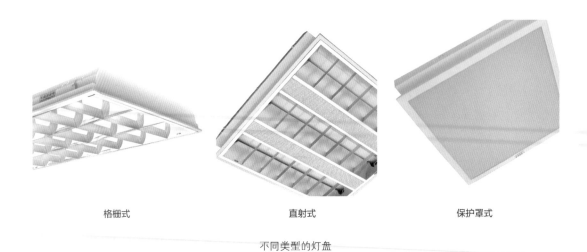

格栅式　　　　　　　　直射式　　　　　　　　保护罩式

不同类型的灯盘

知识点 48 　灯具类型

国际照明委员会（CIE）建议，灯具可以按照光通量在空间中的分布情况分为以下类型:直接照明、一般漫反射照明、间接照明、半间接照明、直接/间接照明、半间接照明。

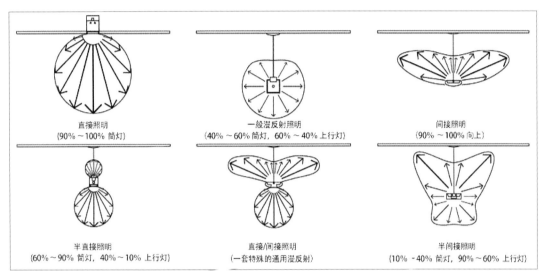

不同类型的灯具 （图片来源 :CIE）

在灯具参数表中应通过配光曲线来说明灯具的类型，达到直接照明或间接照明的光环境效果。

知识点 49　**配光曲线**

配光曲线指光源（灯具）在空间各个方向的光强分布区域和形状，一般采用极坐标配光曲线来表示，主要用来说明灯具的光强分布。其类型可分为对称型、非对称型、蝙蝠翼型、定向出光型。

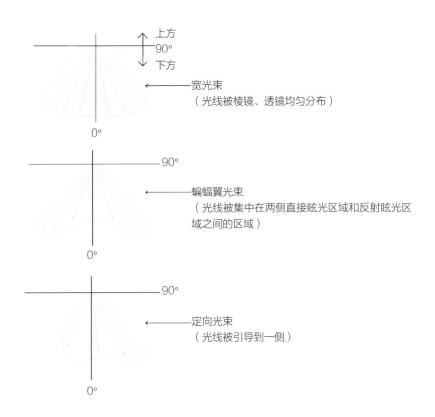

配光曲线示意图

设计中要注意，同一外观的灯具，可搭配不同的配光曲线。通过配光曲线的形状，可以判断其产生的光斑效果。

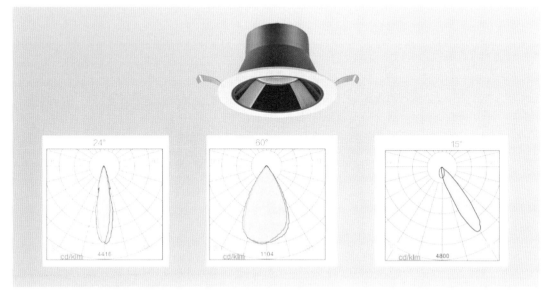

灯具的多种配光曲线

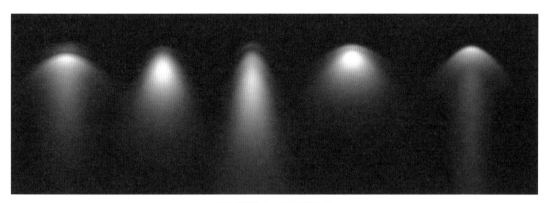

不同配光曲线的光斑效果

知识点 50　光束角

　　光束角是指灯具发出光的角度。光束角越大，中心照度越小，光斑越大。室内空间灯具常用的光束角有15°、25°、36°、45°、55°等。光束角可以通过配光曲线的光强分布图判断出来。

不同光束角示意

同功率灯具不同光束角照度表

光束角	15°		25°		45°		80°	
距离光源 （m）	中心照度 （lx）	光斑大小 （cm）	中心照度 （lx）	光斑大小 （cm）	中心照度 （lx）	光斑大小 （cm）	中心照度 （lx）	光斑大小 （cm）
1	32 531	20	22 866	27	11 993	38	3881	66
2	8133	40	5717	54	2998	76	970	132
3	3615	61	2541	80	1332	114	431	198

窄光束背景墙效果

知识点 51 　显色指数

　　显色指数是光源显色性的度量，以被测光源下物体颜色和标准光源下物体颜色的相符合程度来表示。人们通常把阳光认定为标准光源，显色指数为100。

　　一般显色指数是指光源对国际照明委员会（CIE）规定的第1~8种标准颜色样品显色指数的平均值，符号为R_a；对第9~15种标准颜色样品的显色指数称为特殊显色指数，符号分别代指对应序号，如R_9代指饱和红色。

| $R_a>70$ | $R_a>80$ | $R_a>90$ |

一般显色指数对比

浅红色 R_1	深灰黄色 R_2	深黄绿色 R_3	黄绿色 R_4	浅蓝绿色 R_5
浅蓝色 R_6	浅紫色 R_7	浅红色 R_8	饱和红色 R_9	强黄色 R_{10}
深绿色 R_{11}	深蓝色 R_{12}	淡黄色 R_{13}	橄榄绿 R_{14}	亚洲肤色 R_{15}

CIE 规定的标准颜色

显色指数分类及使用场所表（表格来源：CIE）

一般显色指数 R_a	使用范围	应用场所
>90	需要色彩精确对比的场所	美术馆、博物馆及印刷等行业及场所
80 ~ 90	需要色彩正确判断的场所	高级技术（纺织、印刷等）行业及场所

"如果光谱中红色部分较为缺乏，会导致光源复现的色域大大减少，也会导致照明场景呆板、枯燥，从而影响照明环境质量。"（摘自《建筑照明设计标准》GB 50034—2013）

在设计时，需要区分应用场所。对物体显示效果要求比较高的场所，特殊显色指数 R_9（饱和红色）值不低于50；对物体显示效果要求一般的场所，R_9 值大于0，应为正数。R_9 值越高，被照射物体显得越红润。

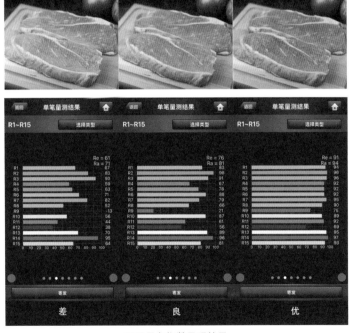

不同显色指数呈现效果

不同场所 R_9 值使用表

特殊显色指数	被照物描述	房间（场所）
R_9>0	红色呈现差	公用场所普通走廊、流动区域
R_9>30	红色呈现一般	办公室、教室、住宅
R_9>50	红色呈现优	展厅、美术馆、高档餐厅

知识点 52　频闪效应与频闪的危害

　　频闪效应是在一定频率变化的光照射下，观察到物体运动显现出不同于其实际运动的现象。光源的亮度随交流电的波动深度而变化。电流的波动深度（FPF，也称为"频闪百分比"）变化越大，频闪越严重。频闪对健康危害很大，主要包括头痛和眼疲劳、视力下降、注意力分散、光敏性癫痫等。

　　由于波动的频率低于80 Hz时，人眼可以明显察觉到，所以国际照明委员会（CIE）对波动深度提出安全要求。

波动深度限制要求（表格来源：CIE）

波动频率 f（Hz）	波动深度（FPF）限值（%）
$f \leqslant 9$	FPF $\leqslant 0.288$
$9 < f \leqslant 3125$	FPF $\leqslant f \times 0.08/2.5$
$f > 3125$	无限制

　　设计师在选择灯具时，需要考虑灯具的频闪指数和频闪百分比。频闪百分比低于3%，频闪指数接近于0，被视为安全数值。

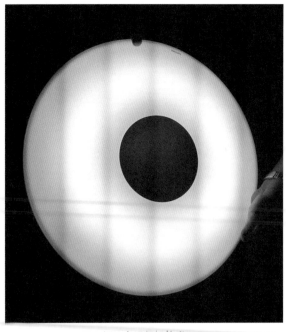

灯具出现频闪效应

知识点 **53**　　**眩光与统一眩光值（UGR）**

眩光是一种干扰视觉感受的强光，可让人产生不舒适或短暂的视觉失能。眩光根据产生的原因不同，可分为直接眩光和反射眩光两种情况。直接眩光是由于视野内的裸露光源产生过高亮度而产生的，反射眩光是由于物体受到强烈的光照并反射到眼睛而产生的。

地面产生的反射眩光

统一眩光值（UGR），是CIE用于度量处于室内视觉环境中的照明装置发出的光对人眼引起不舒适感主观反应的心理参量。控制直接眩光的有效方法，是控制灯具的遮光角度。遮光角度越大，UGR越小，视觉感受越舒适。

眩光程度与UGR 对照表

UGR	对应眩光程度的描述	视觉要求或场所示例
<13	没有眩光	手术台、精细视觉作业
13~16	开始有感觉	使用视频终端、绘图室、精品展厅、珠宝柜台、控制室、颜色检验
17~19	引起注意	办公室、会议室、教室、一般展室、休息厅、阅览室、病房
20~22	引起轻度不适	门厅、营业厅、候车厅、观众厅、厨房、自选商场、餐厅、自动扶梯
23~25	不舒适	档案室、走廊、泵房、变电所、大件库房、交通建筑的入口大厅
26~28	很不舒适	售票厅、较短的通道、演播室、停车区

遮光角是指灯具出光口平面与刚好看不见发光体的视线之间的夹角。避免直接眩光的有效方法，是选择遮光角大于30°的灯具。光源处于灯具内部结构越深，遮光角越大，防眩光效果越好。

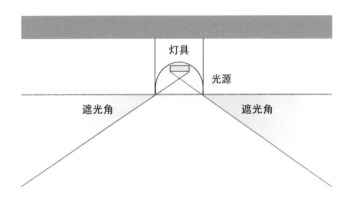

遮光角大于30°的灯具

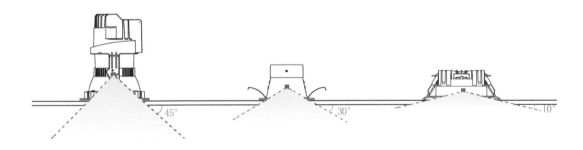

遮光角与光源位置相关

避免反射眩光的有效方法，是控制室内装饰材料的反射比。在选择桌面和地面材料时，应尽量避免使用高反射比的材料。长时间工作的房间，桌面的反射比宜限制在0.2～0.6。其他表面反射比见下表。

工作房间内表面宜选用的反射比（表格来源：GB 50034—2013）

表面名称	反射比
顶棚	0.6~0.9
墙面	0.3~0.8
地面	0.1~0.5

间接型灯具比直接型灯具的UGR小；深藏防眩灯具比一般防眩灯具的UGR小，但深藏防眩的灯体高度会相对较大。设计师需要考虑吊顶天花空腔高度，灯具参数表中也要标明大小尺寸，预留开孔尺寸。

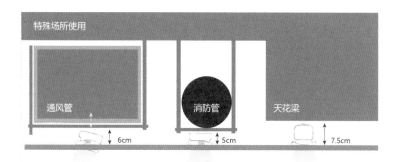

不同高度的灯具

知识点 54　　**室内自然采光模拟**

有自然采光窗的场所，需要考虑天然光的控制和利用。教室、办公室等工作场所，应避免过度照射。可使用采光模拟软件进行分析，最大化利用天然光。采光模拟分析可以帮助设计师判断空间平面布置的合理性。

由于北半球太阳高度角随季节变化，故需要分别测算不同季节的日光照射强度。通常选择春分、秋分、冬至、夏至四个节气，对建筑的早中晚不同的时段进行采光模拟，进一步判断空间中，曝光值严重的红色区域。

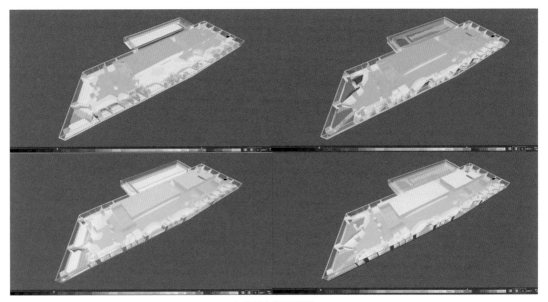

办公层自然光模拟

根据模拟数值，如果超过《建筑采光设计标准》（GB 50033—2013）对自然光摄入量限值，就需要考虑采用遮阳装置。

知识点 55　智能调光

灯具的调光方式及场景搭配的具体设置，需要照明设计师和控制系统厂家配合完成。灯具表中根据空间使用需要，标注出灯具是否支持调光的信息即可。

在会议室等场所，可以设置遮阳帘与灯具联动的方式。当天然光摄入量不足时，灯具自动补光以达到照度需求。应尽可能地利用天然光，减少用电量，节能低碳。

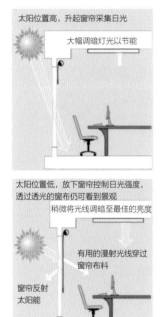

6 月 21 日上午 11 点

12 月 21 日上午 11 点

不同时段遮阳帘和灯具自动控制（图片来源：路创 LUTRON）

在设计时，需要考虑空间使用者的场景需求，对不同灯具进行搭配控制，对光源亮度、环境对比度、灯具色温进行调节。确定好场景模式后，可使用智能控制系统一键启动。除可以按照时钟、语音进行控制外，智能控制系统还可以设置延迟功能，让灯光在2～3 s的时间内逐渐开关。延迟功能可以避免因室内光线的瞬间变化而造成的视觉上的不舒适感。

场景照明（图片来源：盛田嘉照明）

知识点 56　蓝光

　　可见光中的波长范围400~500 nm的光线, 被称为蓝光区。其中, 由于人眼对400~440 nm区域的光线会产生不耐受的情况, 诱发眼底黄斑病变, 所以将其称为有害蓝光区。波长440~500 nm区域的光线, 对人体昼夜节律的规律性有积极作用, 被称为有益蓝光区。

　　针对LED蓝光的潜在危害, 国际电工委员会 (IEC) 制定的IEC 62471号文件对LED光源产品蓝光进行了安全级别分类。在使用有读写功能的台灯时, 应选择RG0豁免组别的LED灯具, 预防蓝光对视网膜的累积性伤害。

防蓝光防护等级 (表格来源: GB 7000.1—2015)

危险组别数字	危险组别名称	相应的范围 (s)
RG0	免除	> 10 000
RG1	低危险	100 ~ 10 000
RG2	中等危险	0.25 ~ 100
RG3	高危险	< 0.25

第五章

建筑材料
与构造

装饰材料是设计师实现设计效果的重要物质资源，但是很多设计师对于建筑材料知之甚少，一方面是因为院校关于工程材料的授课方针偏向理论化，另一方面是因为网络媒体上的有效信息过少，建筑网站对有关建筑材料的介绍也是一笔带过。设计师需要通过不断积累与实践才能慢慢加深对建筑材料的了解与运用，这是一个复杂且漫长的过程。

我们通过向材料商咨询相关数据和整合提炼，结合市场现状，总结出"清单"形式的第五章，帮助设计师或者初学者建立关于常用装饰材料系统的认知框架。本章包含装饰材料和施工工艺两个部分，除了介绍陶瓷砖、玻璃、铝板、软包面料、硬包面料、天然石材、木质饰面板七大类的材质特征，也对室内主要部位的施工工艺做出了细致的阐述，使读者在了解室内装饰材料特性的同时能具备基本的施工常识。

知识点 57　陶瓷砖

陶瓷砖的常用参数及设计注意事项

材料名称	材料简介	常用参数			设计注意事项
通体砖（瓷质砖）	通体砖是指坯体和砖表面颜色保持一致的低吸水率瓷砖。又叫无釉砖，正面和反面的材质和色泽一致	挤压陶瓷砖［$E \leqslant 0.5$（瓷质砖）ＡⅠa类］技术要求			考虑到瓷质砖自身特点，在施工过程中应注意以下几点：①不建议湿贴。由于瓷质砖本身具有吸水率低（$\leqslant 0.5$）、硬度高、材质致密、空隙少的特点，使瓷砖与水泥基黏结材料之间很难黏结牢固，易引发玻化砖的空鼓、脱落问题。此外，板块间留缝不当、伸缩缝设置不合理、环境温差变化、黏结材料使用不当等因素，都会导致瓷砖开裂、起拱问题。②目前瓷砖干挂工艺需有专门的机器进行开槽，对工人技术要求较高，且瓷砖在开槽的过程中崩碎的风险较大。③建议厚度在 12 mm 以上。在实际施工过程中，瓷砖厚度不足会导致其出现脱落的情况
		吸水率（质量分数）	平均值 $\leqslant$ 0.5，单个值 $\leqslant$ 0.6	GB/T 3810.3	
		断裂模数（MPa）（不适用于破坏强度 $\geqslant 3000\,N$ 的砖）	平均值 $\geqslant$ 28，单个值 $\geqslant$ 21	GB/T 3810.4	
抛光砖（瓷质砖）	抛光砖是通体砖坯体的表面经过打磨而成的一种光亮的砖，属于通体砖的一种	破坏强度（N）［厚度（工作尺寸）$\geqslant 7.5\,mm$］	$\geqslant 1300$	GB/T 3810.4	
		耐磨性　无釉地砖耐磨损体积（mm³）	$\leqslant 275$	GB/T 3810.6	
		耐磨性　有釉地砖表面耐磨性	报告陶瓷砖耐磨性级别和转数	GB/T 3810.7	
玻化砖（瓷质砖）	玻化砖是瓷质抛光砖的俗称，是通体砖坯体的表面经过打磨而成的一种光亮的砖，属于通体砖的一种。吸水率低于 0.5 的陶瓷砖都称为玻化砖，抛光砖吸水率低于 0.5 也属于玻化砖	挤压陶瓷砖［$E>10$（陶质砖）ＡⅢ类］技术要求			
		吸水率（平均值 >10%）	平均值 >10	GB/T 3810.3	
		断裂模数（MPa）（不适用于破坏强度 $\geqslant 3000\,N$ 的砖）	平均值 $\geqslant$ 8，单个值 $\geqslant$ 7	GB/T 3810.4	
		破坏强度（N）	$\geqslant 600$	GB/T 3810.4	
		耐磨性　无釉地砖耐磨损体积（mm³）	$\leqslant 2365$	GB/T 3810.6	
		耐磨性　有釉地砖表面耐磨性 f	报告陶瓷砖耐磨性级别和转数	GB/T 3810.7	
釉面砖（陶质砖）	釉面砖是砖的表面经过施釉高温高压烧制处理的瓷砖	注：参考《陶瓷砖》（GB/T 4100—2006）			

➡ 玻化砖节点做法详图

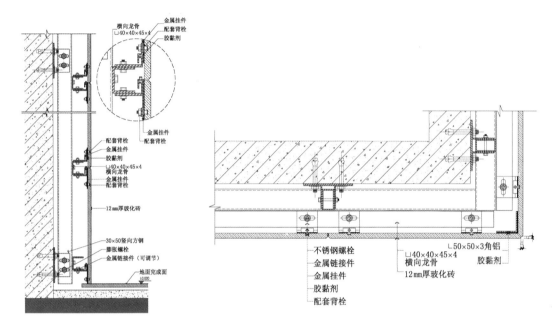

玻化砖剖面收口做法详图

玻化砖剖面收口做法详图（阳角做法）

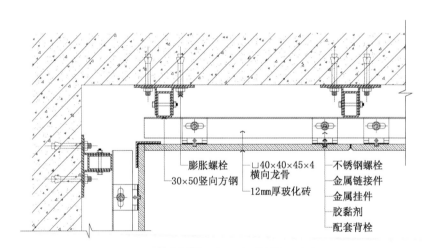

注：1 本图适用于钢筋混凝土墙。若为轻质隔墙，则槽钢竖龙骨与结构楼板（梁）顶、底及混凝土圈梁固定，所有钢骨架需做防锈处理（做法由个体设计决定）。

2 本示意图石材饰面板长不大于1.0 m，若板长超过1.0 m，角钢横龙骨改用∟50×50×5；当墙面高度大于3 m时，需钢结构专业计算后选用槽钢规格。

此做法适用于厚度不小于12 mm的瓷砖。

玻化砖剖面收口做法详图（阴角做法）

➔ 施工及安装要点

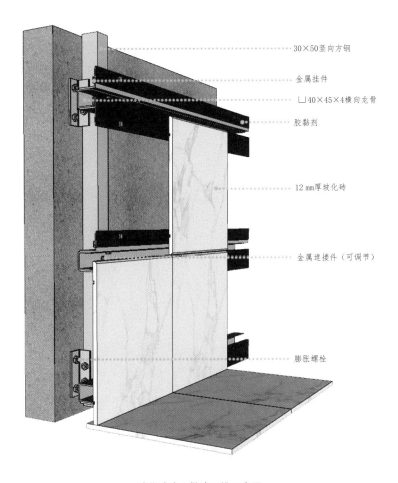

30×50竖向方钢

金属挂件

⌐40×45×4横向龙骨

胶黏剂

12 mm厚玻化砖

金属连接件（可调节）

膨胀螺栓

玻化砖墙面做法三维示意图

工艺 要点	1. 薄砖情况下瓷砖加背胶，使用 AB 胶施工。 2. 采用背栓安装方式，在出厂前做好预埋件。

知识点 58 玻璃

玻璃的常用参数及设计注意事项

材料名称	材料简介	常用参数		设计注意事项
夹层玻璃	夹层玻璃是由两片或多片玻璃之间夹了一层或多层有机聚合物中间膜，经过特殊的高温预压（或抽真空）及高温高压工艺处理后，使玻璃和中间膜永久黏合为一体的复合玻璃产品。常用的夹层玻璃中间膜有 PVB、SGP、EVA、PU 等	干法夹层玻璃厚度偏差：不能超过构成夹层玻璃的原片厚度允许偏差和中间层材料厚度允许偏差的总和。中间层的总厚度小于 2 mm 时，不考虑中间层的厚度偏差；中间层总厚度不小于 2 mm 时，其厚度允许偏差为 ±0.2 mm。 **干法夹层玻璃厚度允许偏差** <table><tr><td>湿法中间层厚度 d（mm）</td><td>允许偏差（mm）</td></tr><tr><td>$d < 1$</td><td>±0.4</td></tr><tr><td>$1 \leqslant d < 2$</td><td>±0.5</td></tr><tr><td>$2 \leqslant d < 3$</td><td>±0.6</td></tr><tr><td>$d \geqslant 3$</td><td>±0.7</td></tr></table>注：参考《建筑用安全玻璃　第3部分：夹层玻璃》（GB 15763.3—2009）。		夹层玻璃的基片既可以是普通玻璃，也可以是钢化玻璃、半钢化玻璃、镀膜玻璃、有色玻璃、热弯玻璃等。目前夹层工艺主要生产方法有两种：胶片法（干法）和灌浆法（湿法）
彩釉玻璃	彩釉玻璃是将无机釉料（又称油墨）印刷到玻璃表面，然后经烘干、钢化或热化加工处理，将釉料永久烧结于玻璃表面而得到的一种耐磨、耐酸碱的装饰性玻璃产品	**数码打印技术参数** <table><tr><td>最大玻璃尺寸（mm）</td><td>（2800、3300）×（4000、2800、3300）×6000</td></tr><tr><td>打印分辨率（DPI）</td><td>1410</td></tr><tr><td>最小玻璃尺寸（mm）</td><td>400×400</td></tr><tr><td>玻璃厚度（mm）</td><td>2～19</td></tr><tr><td>常用图片格式</td><td>PDF、PS、EPS、Tiff、BMP、JPEG</td></tr></table>		彩釉玻璃的彩釉面通常不能位于室外，最好位于中空玻璃的密封腔内或夹层玻璃的室内面
超白玻璃	超白玻璃是一种超透明低铁玻璃，也称为低铁玻璃、高透明玻璃，透光率可达 91.5 以上。超白玻璃同时具备优质浮法玻璃所具有的一切可加工性能，具有优越的物理性能、机械性能及光学性能，可像其他优质浮法玻璃一样进行各种深加工	超白玻璃产品规格： 厚度：2～25 mm。 最小规格：920 mm×1016 mm。 最大规格：3660 mm×8000 mm。 **不同厚度透明浮法玻璃与超白玻璃透光率对比** <table><tr><td>厚度（mm）</td><td>3</td><td>4</td><td>5</td><td>6</td><td>8</td><td>10</td><td>12</td><td>15</td><td>19</td></tr><tr><td>浮法玻璃透光率（%）</td><td>89</td><td>88</td><td>87</td><td>85</td><td>83</td><td>82</td><td>79</td><td>77</td><td>73</td></tr><tr><td>超白玻璃透光率（%）</td><td>92</td><td>92</td><td>91</td><td>91</td><td>91</td><td>91</td><td>91</td><td>91</td><td>90</td></tr></table>		超白玻璃科技含量相对较高，生产控制难度大。较高的品质决定了其不菲的价格，超白玻璃售价是普通玻璃的2倍
钢化玻璃	钢化玻璃属于安全玻璃。钢化玻璃其实是一种预应力玻璃，为了提高玻璃的强度，通常使用化学或物理的方法，在玻璃表面形成压应力，玻璃承受外力时首先抵消表层应力，从而提高了承载能力，增强了玻璃自身的抗风压性、抗寒暑性、抗冲击性等	**钢化玻璃的厚度及其允许偏差** <table><tr><td>公称厚度（mm）</td><td>厚度允许偏差（mm）</td></tr><tr><td>3、4、5、6</td><td>±0.2</td></tr><tr><td>8、10</td><td>±0.3</td></tr><tr><td>12</td><td>±0.4</td></tr><tr><td>15</td><td>±0.6</td></tr><tr><td>19</td><td>±1.0</td></tr><tr><td>>19</td><td>由供需双方商定</td></tr></table>注：参考《建筑用安全玻璃　第2部分：钢化玻璃》（GB 15763.2—2005）。		钢化后的玻璃不能再进行切割和加工，只能在钢化前将玻璃加工至需要的形状，再进行钢化处理
烤漆玻璃	烤漆玻璃在业内也叫背漆玻璃，分为平面烤漆玻璃和磨砂烤漆玻璃，可以通过喷涂、滚涂、丝网印刷或者淋涂等方式来体现	**烤漆玻璃相关参数** <table><tr><td>工艺</td><td>淋漆、烤漆、烘干</td></tr><tr><td>常用规格</td><td>1830 mm×2440 mm</td></tr><tr><td>厚度（mm）</td><td>5、8、10、12、15</td></tr></table>		为了满足现代的环保要求和人的健康安全需求，在烤漆玻璃制作时要注意采用环保的原料和涂料

➡ 玻璃节点做法详图

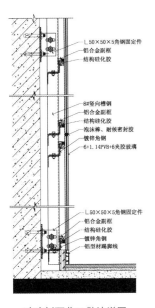

玻璃剖面收口做法详图
（钢筋混凝土墙）

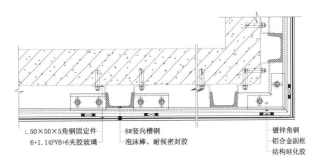

玻璃阳角收口做法详图（钢筋混凝土墙）

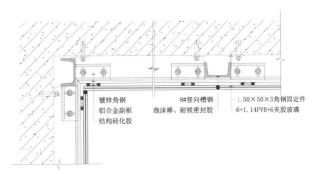

玻璃阴角收口做法详图（钢筋混凝土墙）

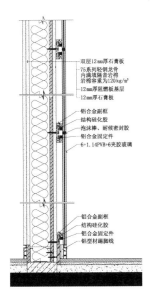

玻璃剖面收口做法详图
（轻钢龙骨墙）

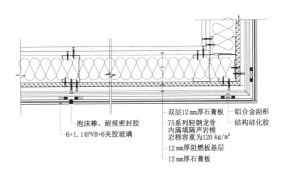

玻璃阳角收口做法详图（轻钢龙骨墙）

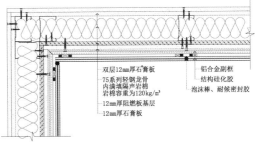

玻璃阴角收口做法详图（轻钢龙骨墙）

➔ 施工及安装要点

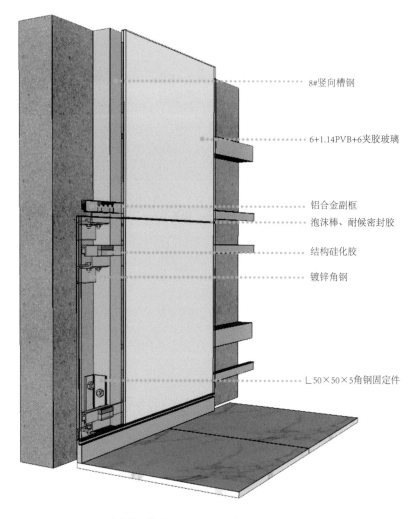

8#竖向槽钢

6+1.14PVB+6夹胶玻璃

铝合金副框
泡沫棒、耐候密封胶

结构硅化胶

镀锌角钢

∟50×50×5角钢固定件

玻璃墙面做法三维示意图 （钢筋混凝土墙）

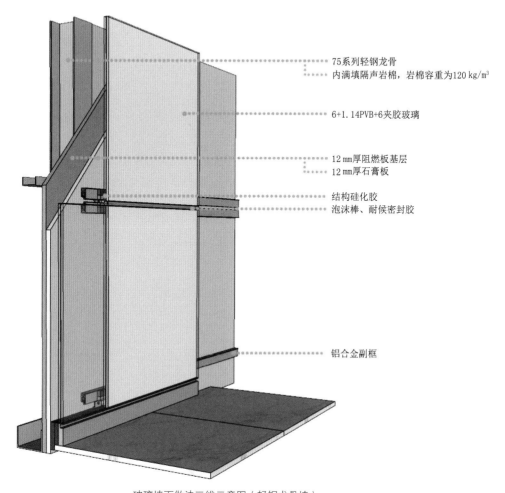

75系列轻钢龙骨
内满填隔声岩棉，岩棉容重为120 kg/m³

6+1.14PVB+6夹胶玻璃

12 mm厚阻燃板基层
12 mm厚石膏板

结构硅化胶
泡沫棒、耐候密封胶

铝合金副框

玻璃墙面做法三维示意图（轻钢龙骨墙）

工艺要点

①根据幕墙的造型、尺寸和图纸要求，进行幕墙的放样、弹线。各种埋件的数量、规格、位置及防腐处理须符合设计要求；在幕墙骨架与建筑结构之间设置连接固定支座，上下支座须在一条垂直线上。

②在两固定支座间，用不锈钢螺栓将立柱按安装标高要求固定，立柱安装轴线偏差不大于2 mm，相邻两立柱安装标高偏差不大于3 mm。支座与立柱接触处用柔性垫片隔离。立柱安装调整后应及时紧固。

③确定各横梁在立柱的标高，用铝角将横梁与立柱连接起来，横梁与立柱的接触处设置弹性橡校垫。相邻两横梁水平标高偏差不小于1 mm。同层横梁的标高偏差，当幕墙宽度不大于35m 时，其不小于5 mm；当幕墙宽度大于35 m 时，其不小于7 mm，同层横梁安装应由下而上进行。

④隐框幕墙的玻璃是用结构硅酮胶黏结在铝合金框格上，从而形成玻璃单元块，玻璃单元块在工厂用专用打胶机完成。玻璃单元块制成后，将单元块中铝框格的上边挂在横梁上，再用专用固定片将铝框格的其余三条边钩夹在立柱和横梁上，框格每边的固定片数量不少于两片。

知识点 59　铝板

铝板的常用参数及注意事项

材料名称	材料简介	常用参数	设计注意事项
铝单板	铝单板是指经过铬化等处理后，再采用氟碳喷涂技术，加工形成的建筑装饰材料。氟碳涂层具有卓越的抗腐蚀性和耐候性，能长期保持不褪色、不粉化，使用寿命长	铝单板采用优质高强度铝合金板材，型号为 3003 或 5005，状态为 H24。成型最大工件尺寸可达 6000×2000 mm。常规厚度：2.5 mm、3.0 mm、4.0 mm；常用规格：600 mm×600 mm、600 mm×1200 mm。常用宽度：1220 mm、1500mm。一些特殊尺寸可做至 8000 mm（长）×1800 mm（宽）	铝单板应用于建筑幕墙安装主要有两种固定方式，一种是利用板型本身的挂钩设计固定，另一种采用螺钉和龙骨固定方式
不锈钢	不锈钢是以不锈、耐蚀性为主要特性，且铬含量至少为 10.5，碳含量最大不超过 1.2 的钢。不锈钢是不锈耐酸钢的简称，可将耐空气、蒸汽、水等弱腐蚀介质或具有不锈性的钢种称为不锈钢，而将耐化学腐蚀介质（酸、碱、盐等化学侵蚀）腐蚀的钢种称为耐酸钢	304 不锈钢是不锈钢中常见的一种材质，密度为 7.93 kg/m^3，业内也称之为 18/8 不锈钢。具有耐高温、加工性能好、韧性高的特点。 **304 不锈钢的相关参数** | 抗拉强度	520 MPa
条件屈服强度	205 MPa
伸长率	40%
断面收缩率	60%
硬度	≤ 187 HBW ≤ 90 HRB ≤ 200 HV
熔点	1398～1454℃		不锈钢的施工主要与不锈钢的性能有关，因其价格相对较高，通常采用厚度较薄的不锈钢面板，所以通常需要内置基层板（木工板基层板或镀锌钢板）来保证不锈钢板的平整度。不锈钢应用于建筑外幕墙装饰，也多采用不锈钢复合板的方式。其中不锈钢蜂窝板就是最常用的一种方式
钛锌板	屋面/墙面用钛锌板是以符合欧洲质量标准 EN 1179 的高纯度金属锌与少量的钛和铜熔炼而成，钛的含量是 0.06～0.20，可以改善合金的抗蠕变性，铜的含量是 0.08～1.00，用以增加合金的硬度	**屋面/墙面用钛锌板的相关参数** | 厚度（mm）	0.5～1.0
面密度（kg/m^2）	7.15～7.5
断裂强度（kg/mm^2）	16
延伸率（%）	15～18
弹性模量（MPa）	1.5×105
密度（g/cm^3）	7.15		钛锌板通常作为完整的屋面/墙面系统使用，其中最成熟、运用最广泛的是直立锁边系统。通常屋面使用双锁边，墙面使用单锁边，此系统适用于大面积的屋面和墙面，以及恶劣气候地区的建筑
铝蜂窝板	铝蜂窝板是航空航天材料在民用建筑领域的应用。整个加工过程全部在现代化工厂完成，采用热压成型技术，因铝皮和蜂窝间的高热传导值，内外铝皮的热胀冷缩同步；蜂窝铝皮上有小孔，使板内气体可以自由流动；可滑动安装扣系统在热胀冷缩时不会引起结构变形	蜂窝复合板表面面材有所不同，但部分常规参数可通用。常规厚度：10 mm、12 mm、20 mm、25 mm、30 mm、36 mm、50 mm。常规尺寸：宽度 ≤ 2000 mm，长度 ≤ 12000 mm。 **蜂窝复合板表面面材的相关参数** | 项目	材料	厚度（mm）
面板	铝合金 AA3003	0.7～1.0
胶黏剂	双组分聚氨酯胶	0.07
背板	铝合金 AA3003	0.5～0.7		建议采用成品铝蜂窝饰板干挂工艺，从基层骨架到面层制作都是在工厂完成（产品生产过程中不易产生偏差，可以统一模数化生产，且能加工大面积及异型板）。在相同情况下，相较于传统湿作业，耗用工时少，通过纯机械连接方式，免焊接，施工难度降低
覆膜板	覆膜板是在铝合金基材上面用高光膜或幻彩膜，板面涂覆专业黏合剂后复合而成	基材厚度：在 0.3～0.5 mm 之间，一般知名品牌的基材厚度在 0.5 mm 左右。国产膜厚度：一般在 0.1～0.3 mm 之间。主要规格：300 mm×300 mm、300 mm×600 mm 等	具有优良的耐久性和抗污能力，使用覆膜板施工，能较好地进行拆模和避免二次披灰，提高了工作效率和节省了人力、材料，同时不会对建筑物造成任何污染

➡ 铝单板节点做法详图 ——————————————————

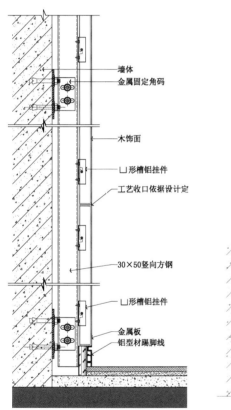

墙体
金属固定角码

木饰面

凵形槽铝挂件

工艺收口依据设计定

30×50竖向方钢

凵形槽铝挂件

金属板
铝型材踢脚线

铝单板剖面收口做法详图

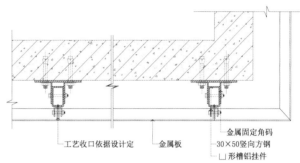

工艺收口依据设计定　　金属板　　金属固定角码
　　　　　　　　　　　　　　　　30×50竖向方钢
　　　　　　　　　　　　　　　　凵形槽铝挂件

铝单板剖面收口做法详图（阳角做法）

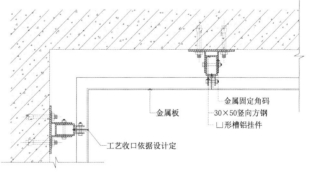

金属板　　　　　金属固定角码
　　　　　　　　30×50竖向方钢
　　　　　　　　凵形槽铝挂件

工艺收口依据设计定

铝单板剖面收口做法详图（阴角做法）

➔ 施工及安装要点

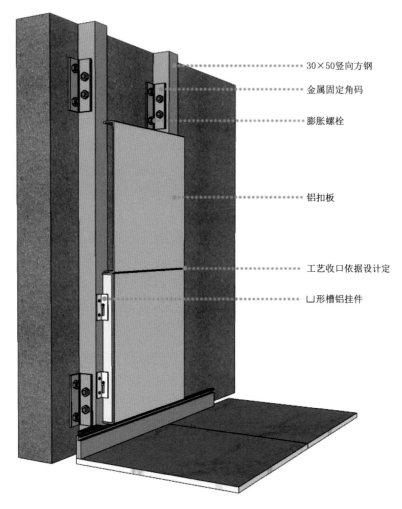

30×50竖向方钢

金属固定角码

膨胀螺栓

铝扣板

工艺收口依据设计定

凵形槽铝挂件

铝单板墙面干挂做法三维示意图

工艺要点

①采用这种干挂式做法，竖龙骨间距与板块宽度相同，建议金属板块宽度不大于1200 mm。

②为保证最终饰面效果的平整度，采用干挂式做法的金属板厚度不宜小于2 mm，板块越大厚度越厚，且需在板材背部加设背筋（加强筋）来保证金属板的平整度。

③固定竖龙骨的角码间距不宜大于1200 mm，但如果在轻体砌块上进行安装，则不能采用这种角码固定的方式，应将角码固定在混凝土圈梁或楼板、结构梁上。

④采用基层板作为基体代替钢架来固定凵形槽或吃钉，能够不受板块大小影响，相对布置灵活，但由于基层采用木夹板，防火性能不高。

知识点 60　覆膜蜂窝铝板

➡ 覆膜板节点做法详图

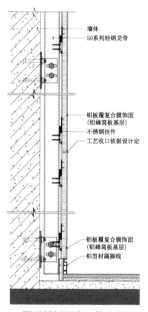

墙体
50系列轻钢龙骨

铝板覆复合膜饰面
（铝蜂窝板基层）
不锈钢挂件
工艺收口依据设计定

铝板覆复合膜饰面
（铝蜂窝板基层）
铝型材踢脚线

覆膜板剖面收口做法详图
（钢筋混凝土墙）

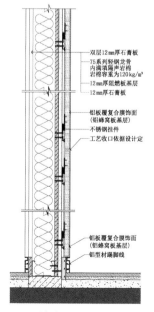

双层12mm厚石膏板
75系列轻钢龙骨
内满填隔声岩棉
岩棉容重为120kg/m³
12mm厚阻燃板基层
12mm厚石膏板

铝板覆复合膜饰面
（铝蜂窝板基层）
不锈钢挂件
工艺收口依据设计定

铝板覆复合膜饰面
（铝蜂窝板基层）
铝型材踢脚线

覆膜板剖面收口做法详图
（轻钢龙骨墙）

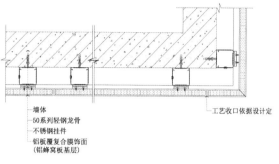

墙体
50系列轻钢龙骨
不锈钢挂件
铝板覆复合膜饰面
（铝蜂窝板基层）

工艺收口依据设计定

覆膜板阳角收口做法详图（钢筋混凝土墙）

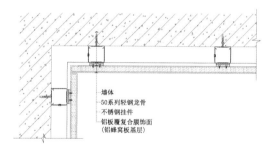

墙体
50系列轻钢龙骨
不锈钢挂件
铝板覆复合膜饰面
（铝蜂窝板基层）

覆膜板阴角收口做法详图（钢筋混凝土墙）

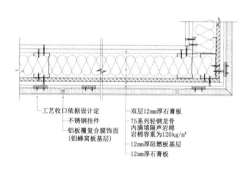

工艺收口依据设计定
不锈钢挂件
铝板覆复合膜饰面
（铝蜂窝板基层）

双层12mm厚石膏板
75系列轻钢龙骨
内满填隔声岩棉
岩棉容重为120kg/m³
12mm厚阻燃板基层
12mm厚石膏板

覆膜板阳角收口做法详图（轻钢龙骨墙）

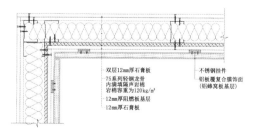

双层12mm厚石膏板
75系列轻钢龙骨
内满填隔声岩棉
岩棉容重为120kg/m³
12mm厚阻燃板基层
12mm厚石膏板

不锈钢挂件
铝板覆复合膜饰面
（铝蜂窝板基层）

覆膜板阴角收口做法详图（轻钢龙骨墙）

⊕ 施工及安装要点

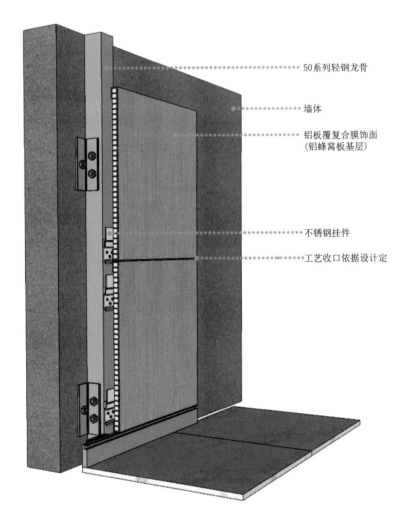

50系列轻钢龙骨

墙体

铝板覆复合膜饰面
（铝蜂窝板基层）

不锈钢挂件

工艺收口依据设计定

覆膜板墙面做法三维示意图 （ 钢筋混凝土墙 ）

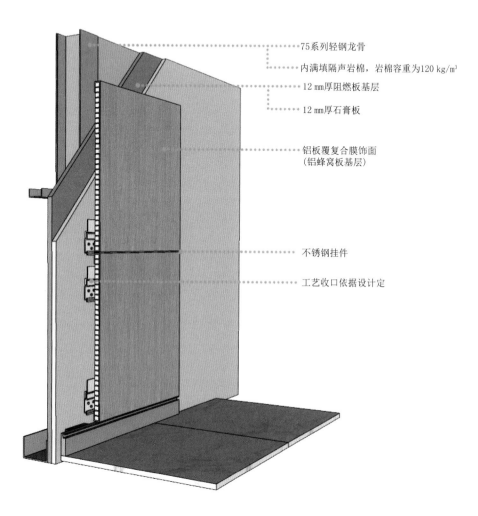

75系列轻钢龙骨

内满填隔声岩棉，岩棉容重为120 kg/m³

12 mm厚阻燃板基层

12 mm厚石膏板

铝板覆复合膜饰面
（铝蜂窝板基层）

不锈钢挂件

工艺收口依据设计定

覆膜板墙面做法三维示意图（轻质墙体）

工艺要点

金属覆膜板抹面层施工时应符合以下要求：

①金属覆膜板抹面层分两层进行。第一层抹面胶浆厚度 2 ~ 3 mm，应先用不锈钢锯齿抹刀抹灰，后用大抹刀抹平，并趁湿压入玻璃纤维网布，待胶浆稍干硬至可触碰时安装锚固件，用抹面胶浆封堵锚固件塑料圆盘及其周边；第一层抹面胶浆稍干可进行第二层抹面胶浆施工，厚度 2 mm 左右，抹平并使抹面层厚度达到设计要求。

②锚固件的安装应按设计要求的位置，用冲击钻或电锤钻孔，钻孔深度应大于锚固深度10 mm，安装时将锚固钉敲入或拧入墙体，圆盘紧贴第一层网布，并及时用抹面胶浆覆盖圆盘及其周边。

知识点 **61**	**软包/硬包面料**

软包/硬包面料的常用参数及注意事项

材料名称	材料简介	分类	设计注意事项
布料	布料是装饰材料中常用的材料，有化纤地毯、无纺壁布、亚麻布、尼龙布、彩色胶布、法兰绒等各式布料。运用布料进行墙面面饰、隔断以及背景处理，同样可以形成良好的商业空间展示风格	麂皮面料：这种面料的特点是风格优美、手感柔软、悬垂性好。 混纺面料：具备耐缩水、耐褪色、抗皱等方面的优点，适用于日照较强的地方。 纯棉面料：面料质地柔软，只是纯棉属于天然纤维，所以不适合高温、强光的刺激	由于布料材料的特殊性和易燃性，故在存储过程中最好放置在通风良好的地方
皮革	皮革是经脱毛和鞣制等物理、化学加工所得到的已经变性不易腐烂的动物皮。革是由天然蛋白质纤维在三维空间紧密编织构成的，其表面有一种特殊的粒面层，具有自然的粒纹和光泽，手感舒适	真皮：由动物（生皮）经皮革厂鞣制加工后，制成各种特性、强度、手感、色彩、花纹的皮具材料。 再生皮：将各种动物的废皮及真皮下脚料粉碎后，调配化工原料加工制作而成。其表面加工工艺同真皮的修面皮、压花皮一样，其特点是皮张边缘较整齐、利用率高、价格便宜，但皮身一般较厚，强度较差。 人造革：也叫仿皮或胶料，是 PVC 和 PU 等人造材料的总称。它是在纺织布基或无纺布基上，由各种不同配方的 PVC 和 PU 等发泡或覆膜加工制作而成，可以根据不同强度、耐磨度、耐寒度和色彩、光泽、花纹图案等要求加工制成，具有花色品种繁多、防水性能好、边幅整齐、利用率高和价格相对真皮便宜的特点。 合成革：合成革是模拟天然革的组成和结构并可作为其代用材料的塑料制品。表面主要是聚氨脂，基料是合成纤维制成的无纺布。合成革的表面与皮革十分相似，并具有一定的透气性。特点是光泽漂亮，不易发霉和虫蛀，并且比普通人造革更接近天然革	天然皮革由于主要成分为蛋白质且吸收力强，因此相关真皮家具在使用过程中需注意防污、定期保养。由于人造革的原料和加工过程都有化学原料的参与，其燃烧产物中会产生有害气体，因此在设计过程中要注意防火需求
填充物	聚氨酯软发泡橡胶，聚氨酯是生活中最常见的一种高分子材料，广泛应用于制作各种海绵制品，以及避震、抗摩擦用途的弹性材料，例如鞋底和拖拉机、坦克履带衬底	工业海绵分类（见下表）	不同填充物在设计过程中应综合考虑其机械性能、压缩负荷、回弹性、透气性以及耐燃性

工业海绵分类

填充物名称	特点	适用范围
常规海绵	较好的回弹性、柔软性、透气性	家具、软包
高回弹海绵	优良的机械性能，弹性好，压缩负荷大，耐燃性好，透气性好	家具、坐垫
乱孔海绵	弹性好，压泡回弹过程中具有极好的缓冲性	家具、坐垫
高密度海绵	具有吸收外力，支撑力强	家具、软包、吸声棉
羽绒	坐感舒适，长期使用变形小，回弹相对较差，成本相对较高	家具、枕头、靠垫
人造棉	软性极好，机械性能差，压缩负荷小	家具靠垫

➡ 软包 / 硬包节点做法详图

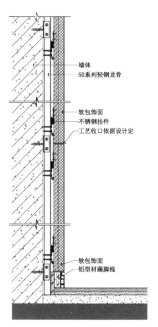

墙体
50系列轻钢龙骨

软包饰面
不锈钢挂件
工艺收口依据设计定

软包饰面
铝型材踢脚线

软包 / 硬包剖面收口做法详图
（钢筋混凝土墙）

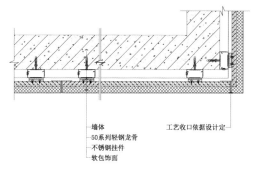

墙体
50系列轻钢龙骨
不锈钢挂件
软包饰面

工艺收口依据设计定

软包 / 硬包阳角收口做法详图（钢筋混凝土墙）

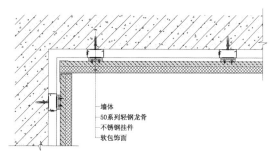

墙体
50系列轻钢龙骨
不锈钢挂件
软包饰面

软包 / 硬包阴角收口做法详图（钢筋混凝土墙）

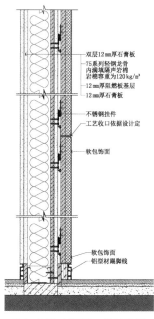

双层12mm厚石膏板
75系列轻钢龙骨
内满填隔声岩棉
岩棉容重为120kg/m³
12mm厚阻燃板基层
12mm厚石膏板

不锈钢挂件
工艺收口依据设计定

软包饰面

软包饰面
铝型材踢脚线

软包 / 硬包剖面收口做法详图
（轻钢龙骨墙）

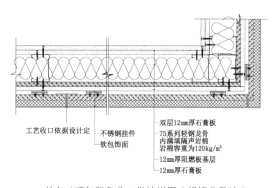

工艺收口依据设计定

不锈钢挂件
软包饰面

双层12mm厚石膏板
75系列轻钢龙骨
内满填隔声岩棉
岩棉容重为120kg/m³
12mm厚阻燃板基层
12mm厚石膏板

软包 / 硬包阳角收口做法详图（轻钢龙骨墙）

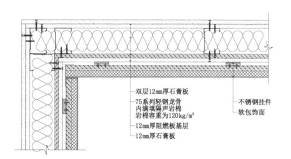

双层12mm厚石膏板
75系列轻钢龙骨
内满填隔声岩棉
岩棉容重为120kg/m³
12mm厚阻燃板基层
12mm厚石膏板

不锈钢挂件
软包饰面

软包 / 硬包阴角收口做法详图（轻钢龙骨墙）

117

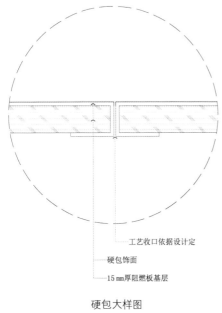

工艺收口依据设计定

硬包饰面

15 mm厚阻燃板基层

硬包大样图

工艺收口依据设计定

软包饰面

15 mm厚阻燃板基层

软包"软边法"大样图

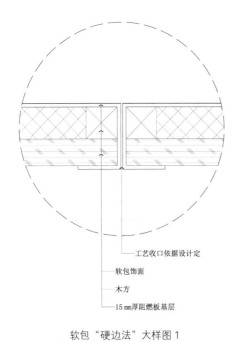

工艺收口依据设计定

软包饰面

木方

15 mm厚阻燃板基层

软包"硬边法"大样图 1

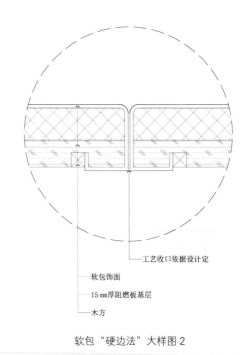

工艺收口依据设计定

软包饰面

15 mm厚阻燃板基层

木方

软包"硬边法"大样图 2

➔ 施工及安装要点

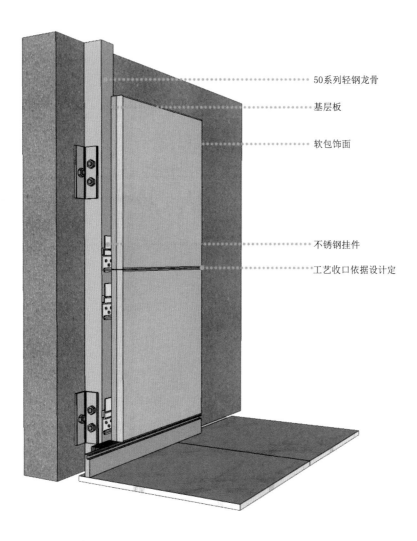

50系列轻钢龙骨

基层板

软包饰面

不锈钢挂件

工艺收口依据设计定

软包 / 硬包墙面做法三维示意图 (钢筋混凝土墙)

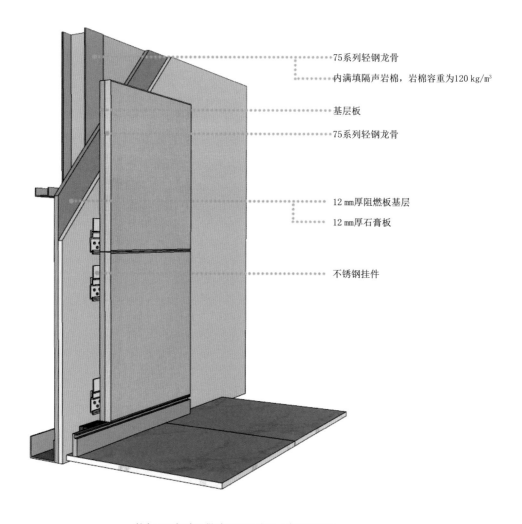

75系列轻钢龙骨

内满填隔声岩棉，岩棉容重为120 kg/m³

基层板

75系列轻钢龙骨

12 mm厚阻燃板基层

12 mm厚石膏板

不锈钢挂件

软包/硬包墙面做法三维示意图（轻质墙体）

工艺 要点	①先用基层板（9厘或12厘板）铺设，然后在上面加一层3～5 cm厚的泡沫垫，再用布艺或者人造皮革或者真皮饰（包）面。 ②软包/硬包的面料、内衬材料及边框的材质、颜色、图案、燃烧性能等级和木材的含水率，应符合设计要求及国家现行标准的有关规定。

知识点 **62**　**天然石材**

天然石材的常用参数及注意事项

材料名称	材料简介	常用参数					设计注意事项
花岗岩	花岗岩颗粒均匀细密，间隙小，不易风化，颜色美观，外观色泽可保持百年以上。由于硬度高、耐磨损，花岗岩的强度比沙岩、石灰岩和大理岩大，因此比较难开采	常见岩石物理性质					大理岩的本质是由石灰岩所形成的变质岩，且石灰岩的施工方式与花岗岩等石材相似，其他石材做法也可参照。
		石材名称	花岗岩	大理岩	火山岩	砂岩	洞石
大理岩	大理岩是沉积岩中碳酸盐类岩石经变质而成的岩石。由碳酸盐岩经区域变质作用或接触变质作用形成，主要由方解石和白云石组成	颗粒密度（g/cm³）	2.5～2.84	2.80～2.85	2.60～3.30	2.60～2.75	2.48～2.85
		体块密度（g/cm³）	2.3～2.80	2.60～2.70	2.50～3.10	2.20～2.71	2.30～2.77
火山岩	火山岩是指来自地球深部炽热的岩浆经火山口喷出到地表冷凝而成的岩石，喷出岩多具气孔、杏仁和流纹等构造，多呈玻璃质、隐晶质或斑状结构	孔隙率（%）	0.4～0.5	0.1～6.0	0.5～7.2	1.6～28.0	0.5～27.0
		吸水率（%）	0.1～4.0	0.1～1.0	0.3～2.8	0.2～9.0	0.1～4.5
洞石	学名为石灰华，属于陆相沉积岩，是一种碳酸钙的沉积物。由于在重堆积的过程中有时会出现孔隙，同时由于其主要成分是碳酸钙，自身就很容易被水溶解腐蚀，所以这些堆积物中会出现许多天然的无规则的孔洞	莫氏硬度	6	3～5	5	2	3

（接上表说明）

材料简介（砂岩）： 砂岩是一种沉积岩，主要由各种砂粒胶结而成，颗粒直径在 0.05～2 mm，其中砂粒含量要大于 50，结构稳定，通常呈淡褐色或红色。砂岩是源区岩石经风化、剥蚀、搬运在盆地中堆积形成，岩石由碎屑和填隙物两部分构成

常用参数（注）： 注：天然石材或多或少存在着放射性元素，对人体健康有一定的影响。《建筑材料放射性核素限量》（GB 6566—2010）按石材镭当量浓度，把石材放射性分为 A、B、C 三类。A 类装饰装修材料产销与适用范围不受限制。B 类装饰装修材料不可用于 I 类民用建筑的内饰面，但可用于 II 类民用建筑物、工业建筑内饰面及其他一切建筑的外饰面。C 类装饰装修材料只能用于建筑物的外饰面及室外其他用途。

设计注意事项：
①干挂石材是以金属挂件和锚栓将石材安装于以金属构架为支撑系统的饰面系统。
②饰面支撑系统不承担主体结构的荷载。
③一般情况下，竖向龙骨为主龙骨间距在 800～1200 mm。横向龙骨间距与石材宽度相同。
④金属挂件与石材的连接建议用背栓形式。
目前国内关于砂岩还没有相关规范，其制作、干挂安装工艺可以参照《金属与石材幕墙工程技术规范》（JGJ 133—2001）执行。
①砂岩的尺寸要求：面积最好不大于 1 m²。如果砂岩幕墙高度超过 100 m，则应进行专门技术方案论证。
②砂岩的内外表面处理：石材外表面应刷防护剂（一般采用有机硅类），砂岩后侧宜设置玻璃纤维网，对于倾斜幕墙则必须设置玻璃纤维网。
③砂岩的连接方式：计算方法参照花岗岩进行，考虑到砂岩强度低的特点，推荐用通槽通长铝合金卡条形式及背栓形式。设计时，总安全系数 K 宜取 3.5，即材料性能分项系数 K_2 取 2.5

➲ 大理石节点做法详图

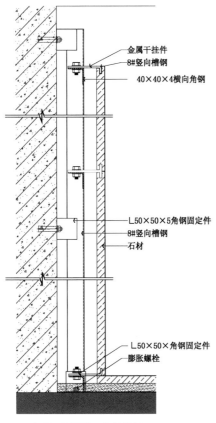

金属干挂件
8#竖向槽钢
40×40×4横向角钢

L50×50×5角钢固定件
8#竖向槽钢
石材

L50×50×5角钢固定件
膨胀螺栓

大理石剖面收口做法详图

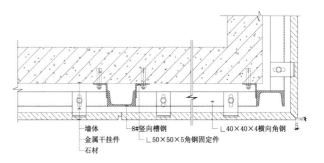

墙体
金属干挂件
石材
8#竖向槽钢
L50×50×5角钢固定件
L40×40×4横向角钢

大理石剖面收口做法详图（阳角做法）

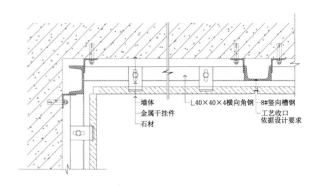

墙体
金属干挂件
石材
L40×40×4横向角钢
8#竖向槽钢
工艺收口
依据设计要求

注：1　本图适用于钢筋混凝土墙。若为轻质隔墙，则槽钢竖龙骨与结构楼板（梁）顶、底及混凝土圈梁固定，所有钢骨架需做防锈处理（做法由个体设计决定）。
　　2　本示意图石材饰面板长不大于1.0 m，若板长超过1.0 m，角钢横龙骨改用L50×50×5；当墙面高度大于3 m时，需钢结构专业计算后选用槽钢规格。

大理石剖面收口做法详图（阴角做法）

➡ 施工及安装要点

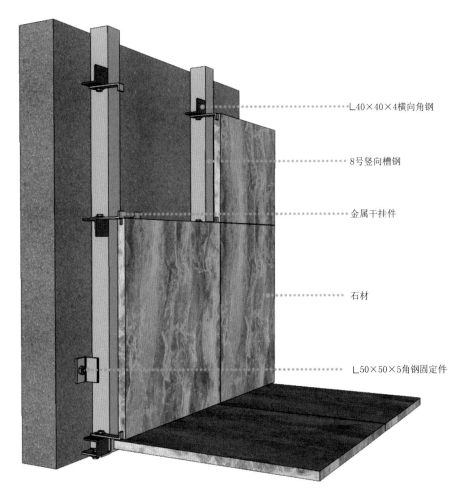

L40×40×4横向角钢

8号竖向槽钢

金属干挂件

石材

L50×50×5角钢固定件

石材干挂墙面做法三维示意图

**工艺
要点**

①按照竖龙骨槽钢位置，确定埋板位置，在混凝土梁、墙上用膨胀螺栓固定埋板。

②建议采用 5～8 mm 厚钢板用 φ10 金属膨胀螺栓固定，埋板上下间距不宜大于 3000 mm，横向间距同竖龙骨间距，一般应小于 1000 mm。

③需要安装钢骨架的墙面按照所弹的分割线合理布置钢骨架的竖龙骨，间距一般控制在 1000 mm 左右，竖龙骨一般采用槽钢，竖龙骨与埋板四边满焊连接。

④横龙骨采用镀锌角钢，间距视石材规格而定，与竖龙骨满焊连接，安装前根据石材规格在角钢一面预先打孔以备挂件固定用。横龙骨水平偏差不宜超过 3 mm，钢骨架经验收合格后将所有焊接部位做防锈处理。

⑤在钢骨架上插固定螺栓，镶不锈钢或铝合金固定挂件，根据设计尺寸，将石材固定在专用模具上，进行石材上下端开槽。开槽深度 15 mm 左右，槽边与板材正面距离约 15 mm 并保持平行，背面开一企口以便干挂件能嵌入其中。用 AB 结构胶嵌下层石材的上槽，插连接挂件，嵌上层石下槽，临时固定上层石材，镶不锈钢挂件，调整后用 AB 结构胶固定。

知识点 63　木质饰面板

木质饰面板的常用参数及注意事项

材料名称	材料简介	常用参数	设计注意事项
木丝板	木丝板是用选定种类的晾干木料刨成细长木丝，经化学浸渍稳定处理后，木丝表面浸有水泥浆再加压成水泥木丝板，简称为木丝板，又称为万利板。木丝板是纤维吸声材料中的一种有相当开孔结构的硬质板，具有吸声、隔热、防潮、防火、防长菌、防虫害和防结露等特点。木丝板强度和刚度较高，吸声构造简单，安装方便，价格低廉	常见岩石物理性质 | 项目	允许范围
---	---
体积密度（kg/m³）	350 ~ 500
抗弯强度（Pa）	≥ 10^5
导热系数 [W/（m·K）]	≤ 0.23
吸声系数（%）	>20		按材质分：多层装饰挂板（基层板为多层板）、奥松板装饰挂板（基层板为高密度板）、三聚氰胺装饰挂板（表面贴三聚氰胺）。 按功能分：防火装饰挂板（基层板为防火材质，如特殊的奥松板、大理石）、普通装饰挂板（一般家庭装饰用的挂板，基层为细木工板或实木）
木质挂板	天然木质贴面是利用天然树种、装饰单板或人造木质装饰单板通过精密刨切或旋切加工方法制得的薄木片，贴在基材上，采用先进的胶粘工艺，经热压制成的一种高级装饰板材	饰面板厚度通常为 3 mm，其他厚度为 12 mm、15 mm、18 mm、20 mm、27 mm、36 mm。 常用规格为：2440 mm × 1220 mm、1000 mm × 2000 mm、1220 mm × 2000 mm、1200 mm × 3000 mm	木饰面作为一种表面装饰材料不能单独使用，只能粘贴在一定厚度和具有一定强度的基材板上，如大芯板、多层胶合板、中密度纤维板和刨花板等，才能得到合理的利用
防腐木/炭化木	防腐木是将普通木材经过人工添加化学防腐剂之后，使其具有防腐蚀、防潮、防真菌、防虫蚁、防霉变以及防水等特性。炭化木又称热处理木，是经过表面炭化或深度处理不含防腐剂的防腐木	天然防腐木等级分为 C1、C2、C3、C4A，不同防腐等级要求达到不同的天然防腐性等级和天然抗白蚁性等级。人工防腐木等级分为 C1、C2、C3、C4A、C4B、C5，根据防腐等级的不同，选用合适的防腐剂及防腐处理工艺。炭化木等级分为 C1、C2、C3，根据炭化温度的不同，可分为不同等级，适用于不同用途	天然防腐木的耐腐性有很大差别。市场上常见的防腐木，比如俄罗斯樟子松材质防腐木主要是进口原木在国内做防腐处理，多为 CCA 药剂处理。这种药剂处理的材料不得用于家居结构、人体常接触的部位（座椅、栏杆等）以及河水、海水浸泡的地方。炭化木不推荐用于接触土壤与地面以及浸泡水的环境。接触土壤与地面必须做毒土层以及做沥青层隔离土壤。户外级炭化木不推荐用于承载构件

➡ 木饰面节点做法详图

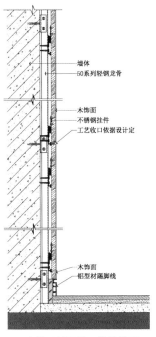

墙体
50系列轻钢龙骨

木饰面
不锈钢挂件
工艺收口依据设计定

木饰面
铝型材踢脚线

木饰面剖面收口做法详图
（钢筋混凝土墙）

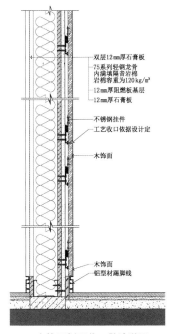

双层12mm厚石膏板
75系列轻钢龙骨
内满填隔音岩棉
岩棉容重为120kg/m³
12mm厚阻燃板基层
12mm厚石膏板

不锈钢挂件
工艺收口依据设计定

木饰面

木饰面
铝型材踢脚线

木饰面剖面收口做法详图
（轻钢龙骨墙）

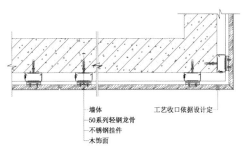

墙体
50系列轻钢龙骨
不锈钢挂件
木饰面

工艺收口依据设计定

木饰面阳角收口做法详图（钢筋混凝土墙）

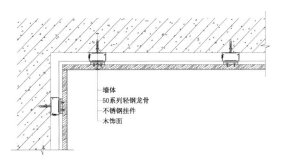

墙体
50系列轻钢龙骨
不锈钢挂件
木饰面

木饰面阴角收口做法详图（钢筋混凝土墙）

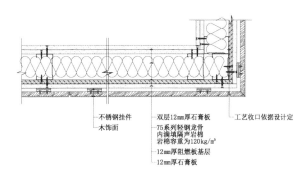

不锈钢挂件
木饰面

双层12mm厚石膏板
75系列轻钢龙骨
内满填隔声岩棉
岩棉容重为120kg/m³
12mm厚阻燃板基层
12mm厚石膏板

工艺收口依据设计定

木饰面阳角收口做法详图（轻钢龙骨墙）

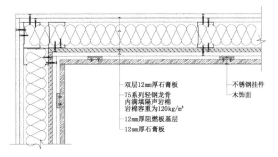

双层12mm厚石膏板
75系列轻钢龙骨
内满填隔声岩棉
岩棉容重为120kg/m³
12mm厚阻燃板基层
12mm厚石膏板

不锈钢挂件
木饰面

木饰面阴角收口做法详图（轻钢龙骨墙）

125

➡ 施工及安装要点

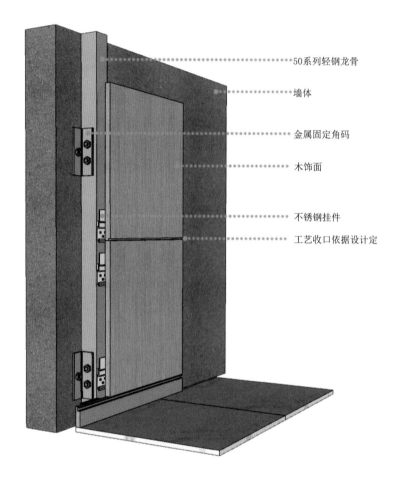

50系列轻钢龙骨

墙体

金属固定角码

木饰面

不锈钢挂件

工艺收口依据设计定

木饰面墙面做法三维示意图 （ 钢筋混凝土墙）

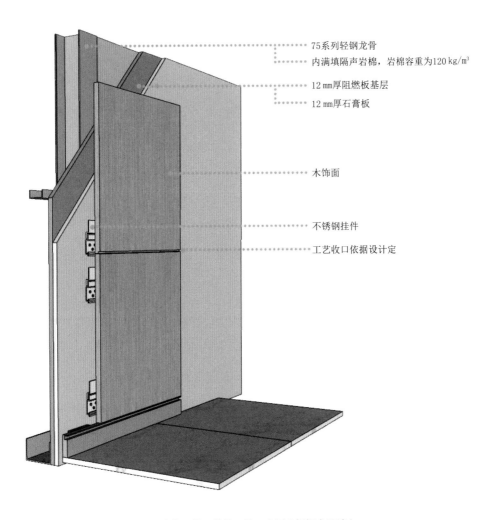

75系列轻钢龙骨

内满填隔声岩棉，岩棉容重为120 kg/m³

12 mm厚阻燃板基层

12 mm厚石膏板

木饰面

不锈钢挂件

工艺收口依据设计定

木饰面墙面做法三维示意图（轻钢龙骨墙）

工艺要点

①干挂式是采取干挂件（正反挂件）固定木饰面的一种安装方法。这种固定方式适合在面积较大、木饰面较厚（≥9 mm）较重的场合下使用，同时，采用干挂式做法时，更加便于后期的拆卸维修等操作。

②上面做法为金属龙骨基层，推荐在基层或空间湿度大、对防火要求较高且造型不算复杂的情况下使用。

③考虑到成本以及防火性能，承载木饰面的基层板材建议使用厚度不小于12 mm的阻燃板。

第六章

特殊材料及工艺

　　构造与特殊材料设计是依据方案设计理念，充分研究各空间关系，选取适合的装饰材料，通过合理的固定工艺实现满意的空间效果，同时要保证造型的安全性、适用性和耐久性。构造设计主要是为设计方案实施的合理性服务的，其基本依据是方案设计效果。构造的特殊材料选用，应该遵循的原则主要有：满足设计效果，满足使用功能和空间需求，保证构造牢固安全并符合规范要求，满足热工、隔声、防火、防潮要求，满足减轻自重、降低造价、方便维护等要求。

　　特殊材料装饰构造工艺做法主要有自顶向下（如天花构造）、自底向上（如地面构造）、由里向外（如墙面构造）等方法。特殊材料构造工艺层次主要包含基础结构层（如楼板墙体等）、骨架层（如钢架龙骨等）、找平基层（如垫层及各种基层板）、饰面层（如各种饰面材料）等。

　　设计师需要在了解装饰材料的同时，了解材料的构造工艺。构造和材料设计是相通的，哪种装饰材料能设计出什么样的构造，哪种构造需要选什么样的装饰材料，都要相互结合考量。

　　随着国家对装饰材料环保绿色的要求不断升级，各材料厂家也陆续推出了新材料和新工艺。在构造设计时，设计师需要不断学习新的理论知识，积累更多的实施经验，才能设计出更好的作品。

知识点 64 GRG造型与构造

GRG 造型示例

简介

GRG中文全称为玻璃纤维增强石膏成型品。GRG是一种特殊装饰改良纤维石膏装饰材料，主要由GRG专用石膏粉、无碱玻璃纤维、水、添加剂和金属预埋件等预制成型。GRG可定制成单曲面、双曲面、三维覆面等各种几何形状，以及镂空花纹、浮雕图案、无缝衔接造型及各种任意艺术造型。GRG采用翻模生产工艺进行型材的加工生产，主要制作模具有木模、玻璃钢模、硅胶模、蜡模、泡沫模等类型。

材料特性

GRG材料特性

项目	性能指标	检验标准
防火性能	A 级	GB 8624—2012
体积吸水率（%）	≤ 15	GB/T 15231—2008
容重（kg/cm³）	≥ 1.6	GB/T 15231—2008
吊挂力（kN）	≥ 4	JG/T 328—2011
受潮挠度（mm）	≤ 3	GB/T 9775—2008
放射性核素限量	A 类装饰材料	GB 6566—2010
GRG 产品断裂载荷（N）	平均值不小于 1000，最小值为 750	JC/T 799—2016
抗弯强度（MPa）	≥ 14	GB/T 15231—2008
巴氏硬度（HBa）	≥ 40	GB/T 3854—2017
抗压强度（MPa）	≥ 38	GB/T 15231—2008

设计注意事项

● GRG造型在设计时需重点考虑荷载满足要求及进行力学计算，分块安装方便，结构牢固安全。

● 在剧院或音乐厅等有特殊要求的空间内使用GRG时，需考虑吸声系数，应满足专业要求。

● 吊杆连接GRG时吊杆长度不宜大于1300 mm，吊点间距不宜大于1000 mm。

安装步骤

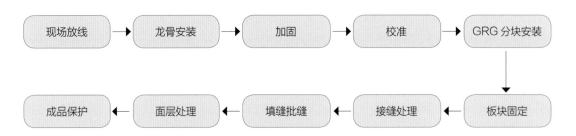

GRG、GRC、GRP的区别

GRG、GRC、GRP的区别

名称	组成材料	防火等级	表面质感	密度	老化	变形	使用空间
GRG（玻璃纤维增强石膏预制构件）	GRG专用石膏（作为基料）、专用连续刚性的增强玻璃纤维	A1级	表面呈白色，质感与石膏一致	1.6～1.8	无老化	高温变形度小于3/1000	室内天花、墙面、隔断造型
GRC（玻璃纤维增强混凝土预制构件）	水泥、砂子、纤维和水、聚合物、外加剂等	A级	表面粗糙，具有水泥质感	1.8～1.9	具有抗风化、坚固、韧性好等特点，不易老化	干湿变形度小于0.123%	室外构件、建筑表皮、室内天花墙面
GRP（FRP，玻璃钢）	玻璃纤维增强不饱和聚脂、环氧树脂与酚醛树脂基体	B2级	表面光滑色彩多样	1.5～2.0	老化，外力或自重作用下易导致性能下降	为高分子非耐火材料，高温变形度大	临时建筑、室内异型家具、艺术品

造型

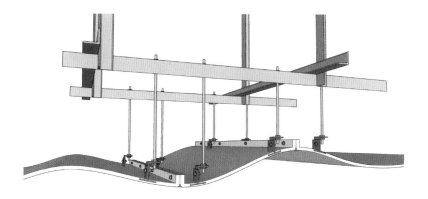

天花 GRG 造型

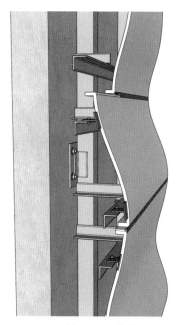

墙面 GRG 造型

构造

GRG吊挂构造节点示意:吊顶的安装主要通过吊杆连接GRG板片上的预埋吊件吊挂固定,吊杆长度超过1500 mm时需做钢架转换层加固。

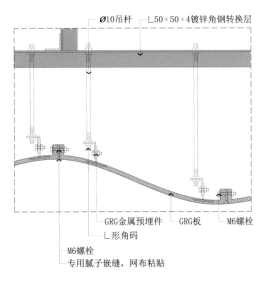

GRG 吊挂构造节点示意图

GRG干挂构造做法示意：墙面的安装主要用镀锌钢架龙骨及角钢角码连接GRG板片的预埋固定。

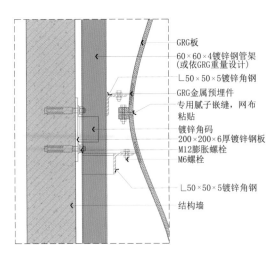

GRG 干挂构造做法示意图

知识点 65 ## GRC造型与构造

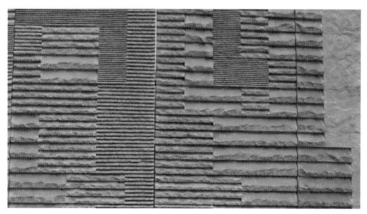

GRC 造型示例

简介

GRC中文名称为玻璃纤维增强混凝土，是以水泥砂浆为基材、抗碱玻璃纤维为增强材料的复合材料，同时还包括各种用于增强性能的助剂以及颜料等。GRC的制造工艺比较独特，将配制好的玻璃纤维混凝土喷射在模板上，质感细腻，能够保证产品达到优良的密实性、强度和抗裂性能。

材料特性

GRC材料特性

项目	性能指标	检验标准
防火性能	A1 级	GB 8624—2012
吸水率（%）	≤ 14	GB/T 7019—2014
容重（kg/cm³）	≥ 1.8	GB/T 15231—2008
吊挂力（kN）	≥ 4	JG/T 328—2011
放射性核素限量	A 类装饰材料	GB 6566—2010
抗弯极限强度（MPa）	≥ 14	GB/T 15231—2008
巴氏硬度（HBa）	≥ 40	GB/T 3854—2017
抗压强度（面外）（MPa）	≥ 40	GB/T 15231—2008
抗拉极限强度（MPa）	≥ 5	GB/T 15231—2008
抗冲击强度（kJ/m²）	≥ 8	GB/T 15231—2008

设计注意事项

●GRC构件与墙体变化处连接的地方，要根据实际情况设计详细节点。边缘部位要特别注意安装螺栓，避免将墙体劈开的可能性，确定构件位置时须保证所安装的螺栓与边缘有一定的距离。

●外幕墙设计立面以及选用GRC时，应考虑墙体结构的安全性与可靠性，必须经过相关结构计算，做出相应的结构设计和处理方案。

安装步骤

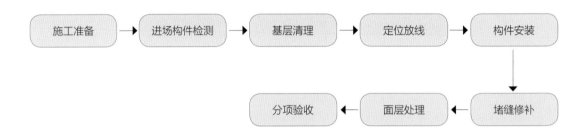

造型

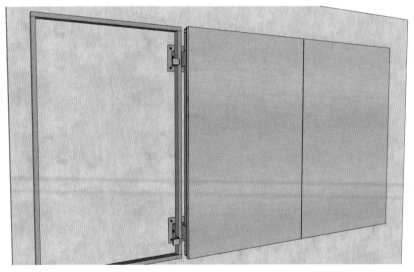

幕墙 GRC 造型

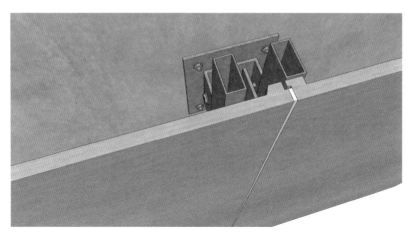

幕墙 GRC 造型细节

构造

GRC板构造节点示意：外幕墙GRC板的安装主要用镀锌钢架龙骨及连接件与GRC板钢架龙骨挂装固定。

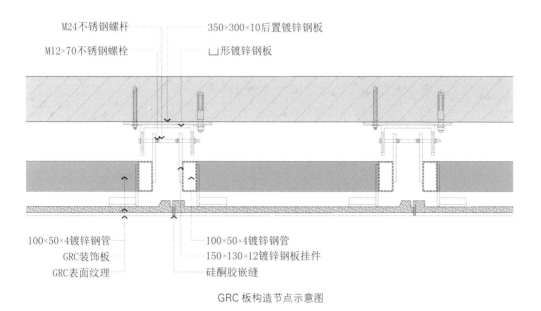

M24不锈钢螺杆　　　　350×300×10后置镀锌钢板

M12×70不锈钢螺栓　　　凵形镀锌钢板

100×50×4镀锌钢管　　　100×50×4镀锌钢管

GRC装饰板　　　　　　150×130×12镀锌钢板挂件

GRC表面纹理　　　　　硅酮胶嵌缝

GRC 板构造节点示意图

知识点 66 　透光膜造型与构造

透光膜造型实景

简介

　　透光膜也称为软膜，是一种被广泛使用的室内装饰材料，主要应用于天花。透光膜可定制打印图案，满足不同设计要求。透光膜造型随意多样，并且有防霉抗菌功能，方便安装、拆卸，配合各种灯光系统营造出均匀的室内照明效果。

　　常用透光膜为A级透光膜，材质为特殊处理的玻璃纤维和氟树脂及维纶纤维。

材料特性

透光膜材料特性

项目	性能指标	检验标准
防火性能	A2 级	GB 8624—2012
厚度（mm）	0.15 ~ 0.25	GB/T 7689.5—2013
透射比（%）	65.9	—
抗拉强度（MPa）	纵向：3000；横向：2300	GB/T 7689.5—2013
断裂拉伸度（%）	纵向：3.9；横向：2.7	GB/T 7689.5—2013
耐寒性	无裂纹	GB/T 2028—1994
幅宽（m）	3.5 ~ 5	—
卷长（m）	30、50、100 等	—

设计注意事项

● 透光膜设计需避开天花风口及喷淋等末端点位。

● 透光膜与内部LED灯带的距离建议为200 mm，灯箱内部为白色无机涂料，透光膜必须无任何阴影暗区。

● 透光膜灯箱需综合考虑设置防虫网和散热孔。

安装步骤

造型

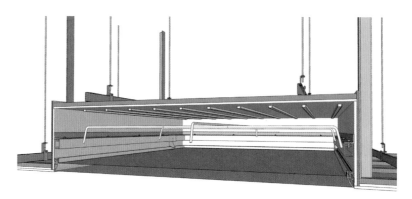

A 级透光膜灯箱造型

构造

A级透光膜灯箱构造节点示意：常规做法为先在灯箱内固定铝合金型材底框，安装灯具后再安装透光膜面框，面框可拆卸或开启进行灯具检修。

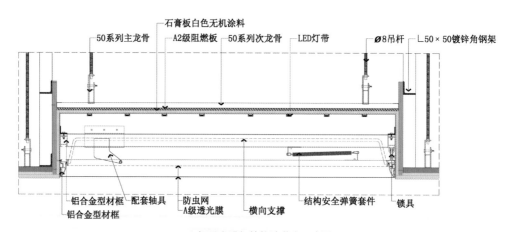

A 级透光膜灯箱构造节点示意图

知识点 67 金属网造型与构造

简介

　　金属网有阻燃、遮光、透气、半遮挡的功效，视觉效果好，装饰性强，安装快捷，经久耐用。金属网常用材质有不锈钢、铜、铝合金等。按加工形式可以分为编织网、冲压网、焊接网等。编织网主要以各种金属丝线通过机器编织的形式成型，冲压网主要通过金属板冲压切割拉伸后形成网状造型。

金属网造型实景

材料特性

金属网材料特性

类别	图示	防火等级	制作工艺	特点	使用空间
编织网		A级	用一种或多种金属丝以编织的形式制成	图案多样，有立体纹理	吊顶或墙面装饰隔断、外幕墙
冲压网		A级	由金属板冲压切割后拉伸而成	平整，网孔形状均匀	大面积平板吊顶、墙面装饰、外幕墙
焊接网		A级	用一种或多种金属丝以焊接的形式制成	图案简单，常作为临时性设施使用	室外围栏、混凝土加固等

设计注意事项

- 金属网造型在设计时需重点考虑满足荷载要求，金属网幕墙需要经过结构计算保证安全。
- 金属网造型需结合产品尺寸合理设计。
- 金属网网格内部可见空间在设计时，需考虑颜色统一或进行喷涂。

安装步骤

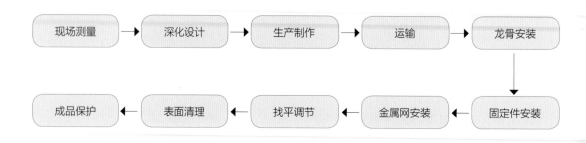

现场测量 → 深化设计 → 生产制作 → 运输 → 龙骨安装

成品保护 ← 表面清理 ← 找平调节 ← 金属网安装 ← 固定件安装

造型

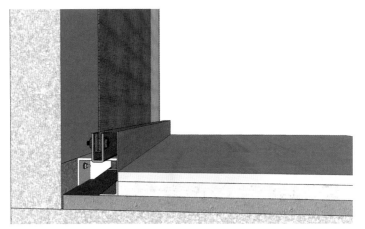

软性金属网地面造型

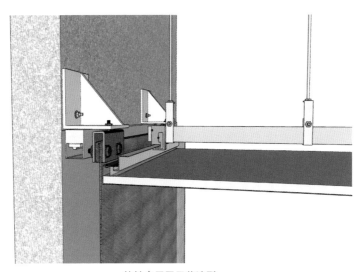

软性金属网天花造型

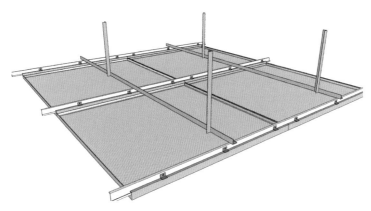

吊挂金属网造型

构造

软性金属网构造节点示意：软性金属网在天地位置增加固定轴，上下拉紧固定；金属网垂帘安装时要做好吊件加固，在垂帘上端安装配套滑轮和轨道固定。

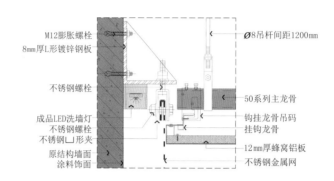

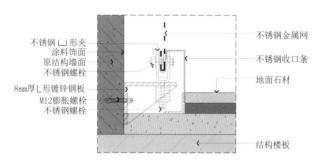

软性金属网构造节点示意图

吊挂金属网构造节点示意：通过角钢转换层及配套龙骨挂件吊挂。

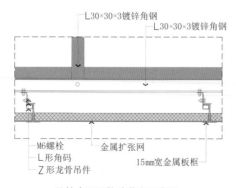

吊挂金属网构造节点示意图

玻璃砖造型与构造

玻璃砖造型示例

简介

玻璃主要成分为二氧化硅和其他氧化物，广泛应用于各行业中。室内常用玻璃为钢化玻璃、夹胶玻璃、磨砂玻璃、中空玻璃、玻璃砖等。

玻璃砖主要分为空心玻璃砖和实心玻璃砖。空心玻璃砖由两块半坯在高温下熔接而成，中间是密闭的腔体，并且存在一定的微负压，具有透光、不透明、隔声、热导率低、强度高、耐腐蚀、保温、隔潮等特点。实心玻璃砖又名水晶砖，具有颜色丰富、表面光滑通透、不易吸水、方便清洁等特点。

玻璃砖

材料特性

实心玻璃砖材料特性

项目	性能指标
防火性能	A 级
尺寸（mm）	标准块 200×100×50
质量（kg）	2.38 / 块
放射性核素限量	A 类装饰材料

空心玻璃砖材料特性

项目	性能指标
防火性能	A 级
尺寸（mm）	多种规格：145 系列、190 系列、240 系列、300 系列，厚度 50、80、95、100 等
质量（kg）	1.2 ~ 6.8 / 块
放射性核素限量	A 类装饰材料
单块抗压强度（MPa）	> 6
平均抗压强度（MPa）	> 7

设计注意事项

● 玻璃砖应砌筑在配有两根 $\phi 6$ ~ $\phi 8$ 钢筋增强的基础上。基础高度不应大于150 mm，宽度应大于玻璃砖厚度20 mm以上。

● 空心玻璃砖分隔墙顶部和两端应用金属型材，其槽口宽度应大于砖厚度10 ~ 18 mm以上。

● 当实心玻璃砖长度或高度大于1500 mm时，需设置钢筋加固处理。用钢筋增强的玻璃砖隔断高度建议不超过4 m。

造型

玻璃砖造型

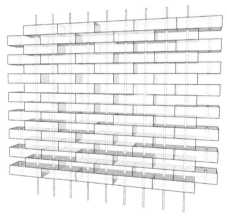

实心玻璃砖造型

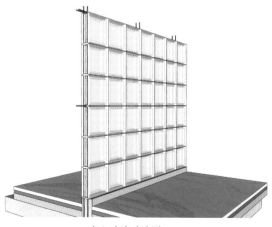

空心玻璃砖造型

构造

实心玻璃砖构造节点示意：实心玻璃砖质量较大，需要用高强度胶水，结合工业黏合剂来替代传统水泥砂浆，大面积使用时需要在四周用钢材做框架固定。一些实心玻璃砖在制作中会预留两个孔，安装时采用不锈钢棒或钢筋串连固定。

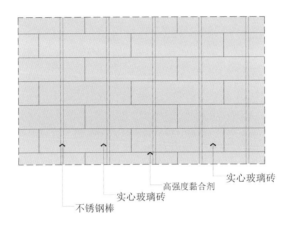

实心玻璃砖
高强度黏合剂
实心玻璃砖
不锈钢棒

实心玻璃砖构造节点示意图

空心玻璃砖构造节点示意：空心玻璃砖安装需要结合钢筋采用专用砂浆砌筑。

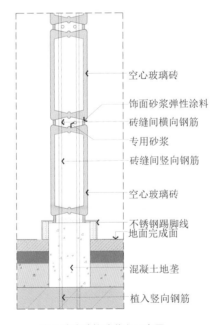

空心玻璃砖
饰面砂浆弹性涂料
砖缝间横向钢筋
专用砂浆
砖缝间竖向钢筋
空心玻璃砖
不锈钢踢脚线
地面完成面
混凝土地垄
植入竖向钢筋

空心玻璃砖构造节点示意图

艺术磨石造型与构造

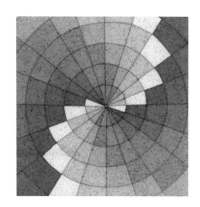

艺术磨石地面造型示例

简介

艺术磨石是一种应用广泛的整体无缝现浇地面材料。艺术磨石采用骨料结合天然石子与高分子黏结材料，经现场浇筑（摊铺）、研磨、抛光等多道工艺，打造出同质同芯的装饰地材。主要特点是：可定制色彩丰富的多种肌理，骨料多为玻璃碎片、金属颗粒、镜片，天然石子多为天然贝壳、矿砂、石英石等；可以现浇和预制；可制作各类图案、拼色效果，整体无缝，洁净、美观，具有极强的耐磨性、耐久性，抗污染，环保性符合国家绿色建筑选材方针。

材料特性

艺术磨石材料特性

项目	性能指标	检验标准
防火性能	A 级（A2-S1,T0）	GB 8624—2012
吸水率（%）	≤ 0.01	JC/T 908—2013（2017 年版）
邵氏硬度（D 型）	≥ 75	GB/T 6739—2006
耐磨性（750G，500R）（G）	≤ 0.030	GB/T 22374—2018
防滑性（干摩擦系数）	≥ 0.50	GB/T 22374—2018
抗拉强度（MPa）	≥ 20	JC/T 1731—2020
抗压强度（MPa）	≥ 55	GB/T 2567—2008
弯曲强度（MPa）	≥ 31	GB/T 1731—2020

续表

项目	性能指标	检验标准
黏结强度（MPa）	4.1	GB/T 2567—2008
材料构成	用环氧树脂作为胶凝材料，与各色石子、玻璃、贝壳、金属等混合凝固后进行研磨抛光	—
加工形式	地面现浇干磨，墙面预制板干挂	—
尺寸规格	现浇地面分缝面积不宜大于 100 m²，板材生产最大尺寸为 1600 mm × 2400 mm × 20 mm，可根据设计要求及现场运输施工环境进行切割加工	—

设计注意事项

●艺术磨石设计时必须设计有抗裂砂浆找平层，厚度不应小于50 mm，地面分缝不宜大于100 m²，否则有开裂风险。

●艺术磨石骨料摊铺层厚度不应小于10 mm。

●墙面干挂艺术磨石造型在设计时需重点考虑满足荷载要求，分块方便安装，结构牢固安全。

墙面安装步骤

地面安装步骤

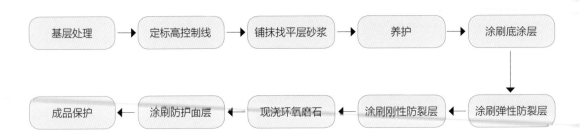

造型

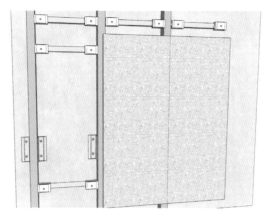

干挂艺术磨石造型

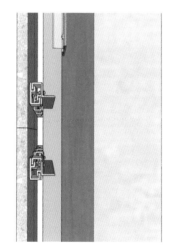

干挂艺术磨石造型细节

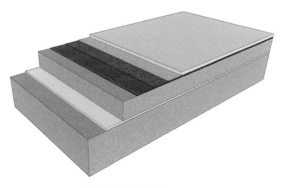

地面艺术磨石造型

构造

地面构造节点示意：艺术磨石地面系统需结合现场尺寸，以现浇地面做法为主。

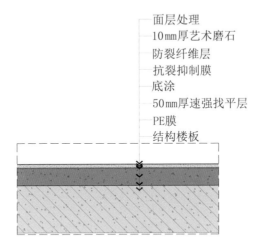

面层处理
10mm厚艺术磨石
防裂纤维层
抗裂抑制膜
底涂
50mm厚速强找平层
PE膜
结构楼板

地面构造节点示意图

墙面构造节点示意：墙面干挂艺术磨石，主要用镀锌钢架龙骨及角钢固定艺术磨石的金属挂件安装。

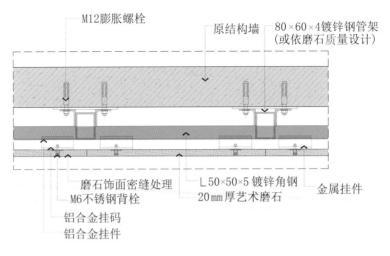

M12膨胀螺栓
原结构墙
80×60×4镀锌钢管架
（或依磨石质量设计）

磨石饰面密缝处理
M6不锈钢背栓
铝合金挂码
铝合金挂件
L50×50×5镀锌角钢
20mm厚艺术磨石
金属挂件

墙面构造节点示意图

知识点 70　陶瓷岩板造型与构造

陶瓷岩板造型示例

简介

陶瓷岩板是由天然石粉、长英石等经过特殊工艺，借助万吨以上压机压制，结合先进的生产技术，经过1200 ℃以上高温烧制而成，能够经得起切割、钻孔、打磨等加工过程的超大规格新型瓷质材料。

陶瓷岩板规格常见有2400 mm×1200 mm、3600 mm×1200 mm等，厚度有3 mm、6 mm、9 mm、12 mm、20 mm等。陶瓷岩板可钻孔、可打磨，更方便切割，适合做各种造型。

材料特性

陶瓷岩板材料特性

项目	性能指标	检验标准
防火性能	A1 级	GB 8624—2012
吸水率	平均值≤ 0.2%	GB/T 3810.3—2016
抗菌性能	≥ 90%	JC/T 897—2014
表面耐磨性	≥ 3 级（750 r）	GB/T 3810.7—2016
莫氏硬度	≥ 5	T/CBMCA 015—2020
表面耐划痕	≥ 1.5 N 表面无连续划痕	GB/T 17657—2013

续表

项目	性能指标	检验标准
耐化学腐蚀性	≥ B 级	T/CBMCA 015—2020
耐污染性	≥ 4 级	T/CBMCA 015—2020
破坏强度	厚度≥ 7.5 mm，平均值≥ 2800 N； 4 mm ≤厚度＜ 7.5 mm，平均值≥ 900 N； 厚度＜ 4 mm，平均值≥ 400 N；	GB/ T 3810.4—2016
断裂模数	厚度≥ 7.5 mm，平均值≥ 35 MPa； 4 mm ≤厚度＜ 7.5 mm，平均值≥ 40 MPa； 厚度＜ 4 mm，平均值≥ 45 MPa；	GB/ T 3810.4—2016

设计注意事项

● 带纹理的陶瓷岩板需要进行预排板设计，保证纹理美观、对缝合理。

● 陶瓷岩板墙面过高（超过24 m）需采用加固措施。

地面安装步骤

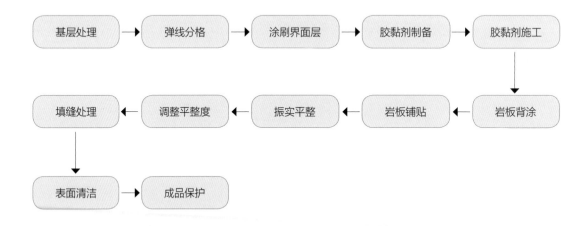

基层处理 → 弹线分格 → 涂刷界面层 → 胶黏剂制备 → 胶黏剂施工

填缝处理 ← 调整平整度 ← 振实平整 ← 岩板铺贴 ← 岩板背涂

表面清洁 → 成品保护

墙面安装步骤

基层处理 → 弹线分格 → 安装结构件 → 涂刷界面层 → 胶黏剂制备

填缝处理 ← 调整平整度 ← 岩板铺贴 ← 岩板背涂 ← 胶黏剂施工

表面清洁 → 成品保护

造型

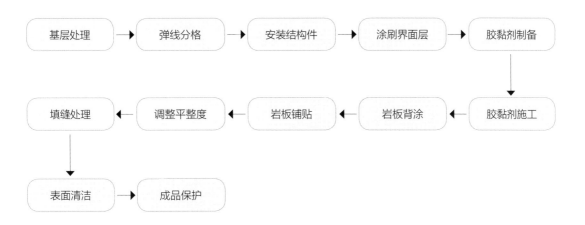

地面陶瓷岩板造型

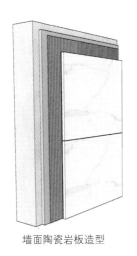

墙面陶瓷岩板造型

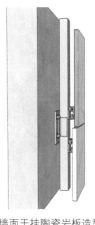

墙面干挂陶瓷岩板造型

墙面陶瓷岩板造型实景

构造

地面构造节点示意：

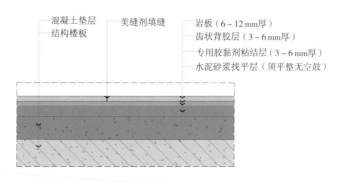

混凝土垫层	美缝剂填缝	岩板（6～12 mm厚）
结构楼板		齿状背胶层（3～6 mm厚）
		专用胶黏剂粘结层（3～6 mm厚）
		水泥砂浆找平层（须平整无空鼓）

地面构造节点示意图

墙面粘结构造节点示意：

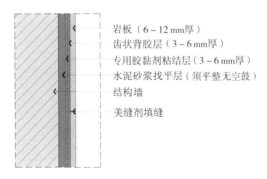

墙面胶黏结构造节点示意图

墙面干挂构造节点示意：墙面干挂岩板，主要用镀锌钢架龙骨及角钢固定岩板的金属挂件安装。

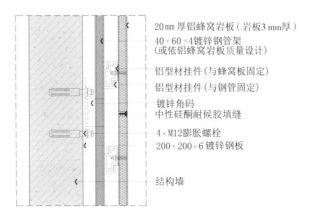

墙面干挂构造节点示意图

知识点 71 室内LED显示屏造型与构造

LED 造型实景

简介

LED全彩显示屏是一种通过控制RGB半导体发光二极管的显示方式，由多个RGB三色的发光二极管组成，每个像素组合均有RGB二极管，靠每组像素灯的亮灭来显示不同颜色的全彩画面，用来显示文字、图形、图像、动画、行情、视频、录像信号等各种信息的显示屏幕。

材料特性

LED材料特性

项目	内容				
名称规格	P1.6	P1.9	P2.5	P3	P4
物理点间距	1.667 mm	1.9 mm	2.5 mm	3 mm	4 mm
物理密度	360 000 点 /m²	275 845 点 /m²	160 000 点 /m²	111 111 点 /m²	62 500 点 / m²
显示分辨率	144 × 144	126 × 126	64 × 64	64 × 64	64 × 32
最佳视距	1.7 m	2 m	2.5 m	3 m	4 m
最佳视角	≥ 140° /120°	≥ 140° /120°	≥ 140° /120°	≥ 140° /120°	≥ 140° /120°
最大功耗	730 W/m²	760 W/m²	1200 W/m²	860 W/m²	1100 W/m²

续表

项目	内容
工作环境温度	-30 ~ 60 ℃
工作电压	220 V ± 15%
灰度 / 颜色	显示 16.7 M 颜色（同步）
控制系统	采用 CoPCTV 非线型编辑卡 +DVI 显示卡 + 光纤传输（可选）
寿命	> 10 万小时

设计注意事项

●带有合理的散热设计：LED工作时会发热，温度过高会影响LED的衰减速度和稳定性,故PCB板的散热设计、箱体的通风散热设计都会影响LED的表现。

●防静电：LED大屏幕设计时需考虑安设良好的防静电措施。

安装步骤

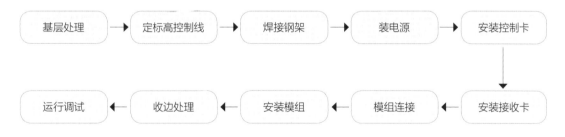

造型

LED 拼接屏造型

LED 无缝屏造型

通透 LED 屏幕背面示例

LED 屏幕背面示例

LED 屏幕造型

构造

LED弧形显示屏构造做法示意：LED显示屏主要用钢架固定安装。

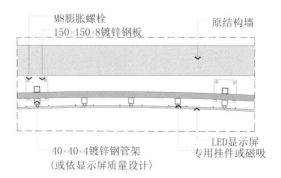

LED 弧形显示屏构造做法示意图

LED拼接显示屏构造做法示意：LED显示屏主要用钢架固定安装。

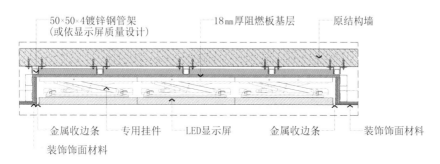

LED 拼接显示屏构造做法示意图

知识点 72　透光混凝土造型与构造

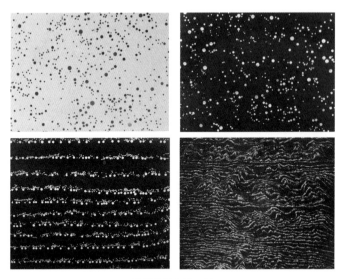

透光混凝土板示例

简介

透光混凝土是以水泥为基础材料，加入导光材料（如导光纤维、树脂材料）形成的一种复合型材料。大型的透光混凝土构件根据要求，需要增加钢筋、石子等原料，以增加混凝土的强度。透光混凝土兼具石材坚硬、玻璃透光的优点，既能用于结构支撑，又能起到装饰作用。

材料特性

透光混凝土材料特性

项目	性能指标
防火性能	A 级
吸水率（%）	≤ 16
强度	C35，配筋后达到 C40
抗弯强度（MPa）	≥ 14
抗压强度（MPa）	≥ 40
抗拉强度（MPa）	≥ 4
抗冲击强度（kJ/m^2）	≥ 6
体积密度（g/cm^3）	≥ 1.7

设计注意事项

● 透光混凝土造型在设计时需重点考虑满足荷载要求，分块方便安装，结构牢固安全。

● 透光混凝土背后的灯具需预留检修口。

干挂安装步骤

砌筑安装步骤

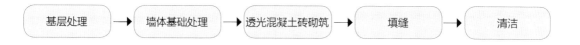

造型

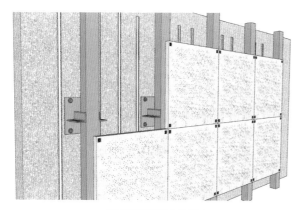

墙面透光混凝土造型 1

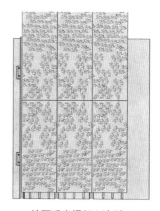

墙面透光混凝土造型 2

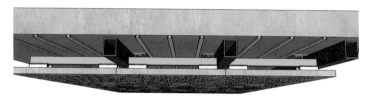

墙面透光混凝土造型 3

构造

干挂构造做法示意：透光混凝土板材主要为干挂或螺栓固定安装。

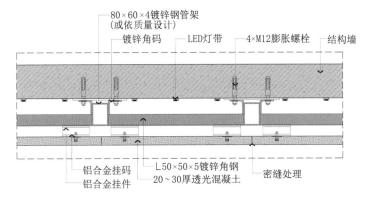

80×60×4镀锌钢管架
（或依质量设计）
镀锌角码　　LED灯带　　4×M12膨胀螺栓　　结构墙

铝合金挂码　　L50×50×5镀锌角钢　　密缝处理
铝合金挂件　　20~30厚透光混凝土

干挂构造做法示意图

砌筑构造做法示意：透光混凝土砖以砌筑工艺为主。

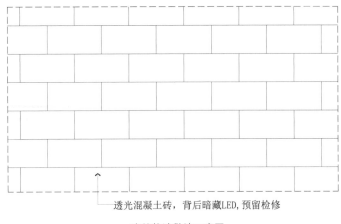

透光混凝土砖，背后暗藏LED，预留检修

砌筑构造做法示意图

第七章

专项空间的
设计

建筑中某些空间的设计具有特殊的工艺要求，很多室内设计师由于不熟悉这些工艺特点而出现设计偏差或错误，进而造成工程质量问题或使用问题。本章归纳了几个较为常见的专项空间设计的工艺要求，并对其做了一些介绍。

知识点 73 厨房

厨房设计一般由专业的厨房设计单位进行，包括厨房的功能布局和各种厨房设备的排布。室内设计师作为整合设计人，需要了解厨房设计的基本知识，才能在餐厅设计时做好整合、协同。

餐馆面积配比表

分项	规模							
	小型		中型		大型		特大型	
	每座面积（m²）	比例	每座面积（m²）	比例	每座面积（m²）	比例	每座面积（m²）	比例
用餐区域	1.3	42%	1.5	42%	1.7	43%	1.8	43%
厨房区域	0.65	21%	0.68	19%	0.68	17%	0.6	14%
辅助区域	0.32	10%	0.32	9%	0.32	8%	0.32	8%
公共区域	0.25	8%	0.36	10%	0.42	11%	0.48	11%
交通与结构	0.6	19%	0.7	20%	0.8	21%	1	24%
合计	3.12	100%	3.56	100%	3.92	100%	4.2	100%

注：资料来源于《建筑设计资料集》第三版第5分册。

厨房流线

厨房的生产活动有自身的客观规律，厨房工艺厂家根据厨房区域和餐饮面积进行配置设计。合理设置通道与器具，既要便于厨师作业，保证厨房生产流程的畅通，又要尽量缩短输送流程，做到路径分明，同时避免生产工序颠倒，防止厨房内行走路线交叉，以及出菜人员与厨房工作人员相互碰撞。可以说，合理的流线是厨师各司其职、分工合作的保障，也能方便管理，降低人工成本。

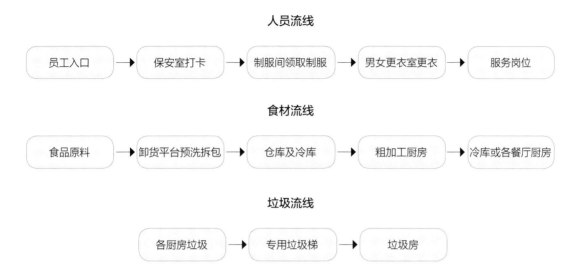

人员流线

员工入口 → 保安室打卡 → 制服间领取制服 → 男女更衣室更衣 → 服务岗位

食材流线

食品原料 → 卸货平台预洗拆包 → 仓库及冷库 → 粗加工厨房 → 冷库或各餐厅厨房

垃圾流线

各厨房垃圾 → 专用垃圾梯 → 垃圾房

主要功能分区

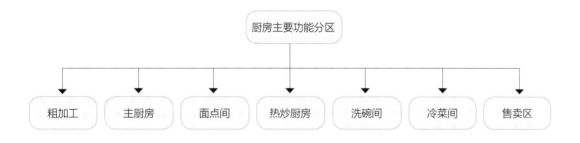

厨房主要功能分区

粗加工　主厨房　面点间　热炒厨房　洗碗间　冷菜间　售卖区

厨房设备

（1）厨房机电要求——风

冷菜间等专间及垃圾房，房间内温度要求18℃，需要考虑二次降温，要求使用独立的空调系统，可采用分体式中温空调或VRV变冷媒流量多联系统。

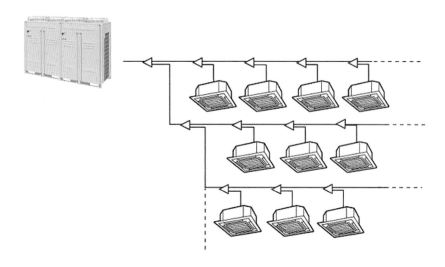

VRV 空调系统示意图

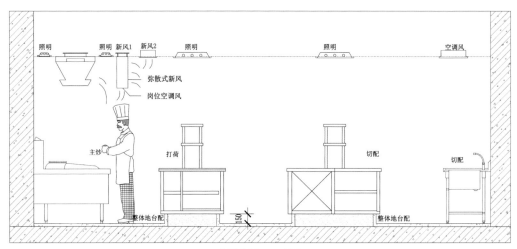

主厨房风口示意图

（2）厨房机电要求——水

厨房机电要求

软化水	厨房日用热水量（按60℃计）大于或等于 10 m³ 且原水总硬度（以碳酸钙计）大于 300 mg／L 时，应进行水质软化处理
二次隔油	每个厨房应单独设置一个或两个不锈钢隔油池，备餐间不需要隔油池，经一次隔油后再集中二次隔油，既保证排水管道畅通又满足环保要求

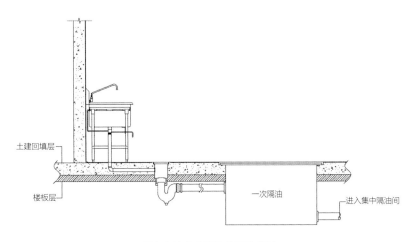

土建回填层

楼板层

一次隔油

进入集中隔油间

厨房含油废水排放处理流程图

（3）厨房机电要求——电

①24小时不间断供应电源，冷库等设备需考虑应急电源并接到柴油发电机。

②步入式冷库等制冷设备选用水冷散热（中国北方地区除外），建筑考虑预留合适的冷却塔位置，机电部分考虑冷却水系统和管道铺设。

③照度要求——厨房加工区不小于500 lx，其他厨房区域不小于300 lx。厨房的灯光重实用，临炉炒菜要有足够的灯光，方便把握菜肴色泽；案板切配要有明亮的灯光，能有效防止刀伤的发生，以便追求精细的刀工；出菜打荷的上方要有充足的灯光，切实减少杂物混入并流入餐厅等。

厨房主要空间如下图所示。

加工间

面点间

热加工间　　　　　　　　　　　　　　　　洗碗间

（4）厨房的智能化

①在备餐区、操作区、冷库、售餐区设置防油污摄像机单独存储，并在公共区域设置显示屏。

②进入后厨区域设置门禁系统。

厨房细部

（1）厨房门节点

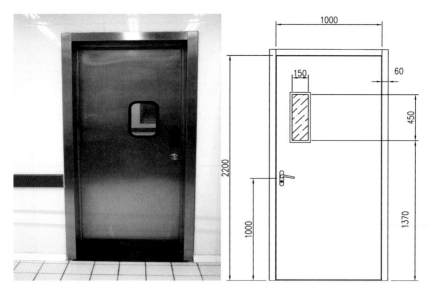

厨房门节点详图1

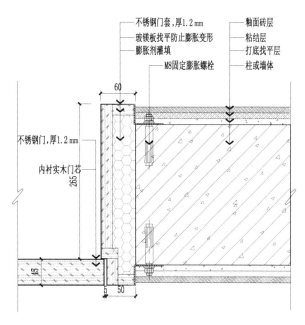

不锈钢门套,厚1.2mm
玻镁板找平防止膨胀变形
膨胀剂灌填
M8固定膨胀螺栓
釉面砖层
粘结层
打底找平层
柱或墙体
60
不锈钢门,厚1.2mm
内衬实木门芯
265
45
5 50

厨房门节点详图 2

（2）厨房防护条节点

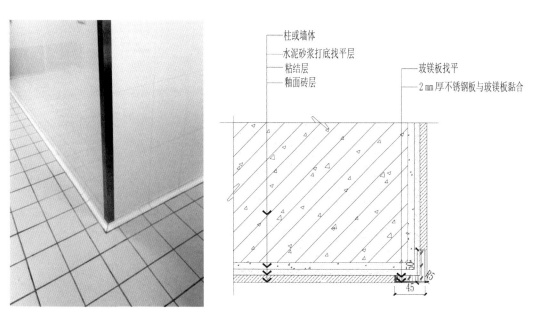

柱或墙体
水泥砂浆打底找平层
粘结层
釉面砖层
玻镁板找平
2mm厚不锈钢板与玻镁板黏合
45

厨房门详图防护条节点

（3）厨房不锈钢踢脚线节点

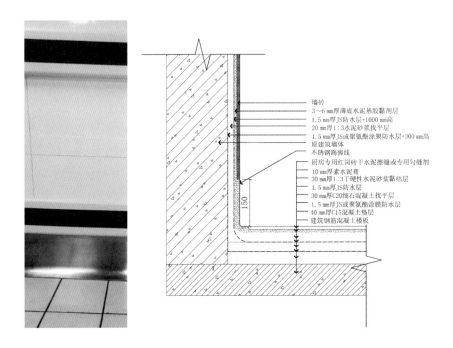

厨房不锈钢踢脚线节点详图

墙砖
3～6 mm厚薄底水泥基胶黏剂层
1.5 mm厚JS防水层+1000 mm高
20 mm厚1:3水泥砂浆找平层
1.5 mm厚JS或聚氨酯涂膜防水层+300 mm高
原建筑墙体
不锈钢踢脚线
厨房专用红岗砖干水泥擦缝或专用勾缝剂
10 mm厚素水泥膏
30 mm厚1:3干硬性水泥砂浆黏结层
1.5 mm厚JS防水层
30 mm厚C20细石混凝土找平层
1.5 mm厚JS或聚氨酯涂膜防水层
40 mm厚C15混凝土垫层
建筑钢筋混凝土楼板

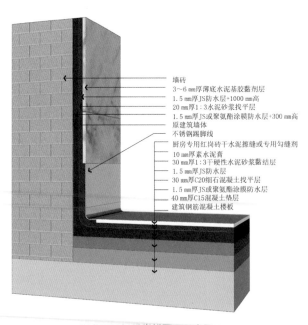

墙砖
3～6 mm厚薄底水泥基胶黏剂层
1.5 mm厚JS防水层+1000 mm高
20 mm厚1:3水泥砂浆找平层
1.5 mm厚JS或聚氨酯涂膜防水层+300 mm高
原建筑墙体
不锈钢踢脚线
厨房专用红岗砖干水泥擦缝或专用勾缝剂
10 mm厚素水泥膏
30 mm厚1:3干硬性水泥砂浆黏结层
1.5 mm厚JS防水层
30 mm厚C20细石混凝土找平层
1.5 mm厚JS或聚氨酯涂膜防水层
40 mm厚C15混凝土垫层
建筑钢筋混凝土楼板

厨房不锈钢踢脚线节点示意图

知识点 74　泳池

泳池系统

泳池的长期运行和水质的维护离不开一套完备成熟的系统，在泳池被赋予更多功能之前，必须具备六个基础功能，即恒温、水循环、过滤、消毒、清洁、除湿。

泳池水温需与环境温度相匹配。常规为环境温度高于泳池水温2℃，目的是尽量保证泳池热量不流失，以及游泳者上岸后不至于因温差过大而产生身体不适。

对于通风效果较差的封闭环境，需考虑除湿。可以自然通风或者选用专业的除湿设备。

泳池溢水沟

泳池四周宜设置溢水沟，溢水沟上应覆盖格栅和挡板，其断面应考虑流量的大小，同时要便于施工安装和维修清洗。在泳池两端侧壁上设置溢水沟时，应在水面上30 cm处预留安装触板的位置及条件。

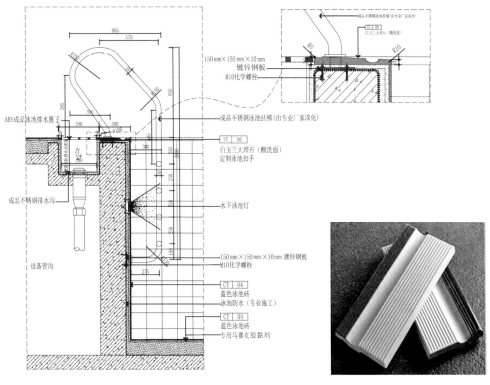

泳池溢水沟节点大样图　　　　　　　　　　　泳池手抓砖

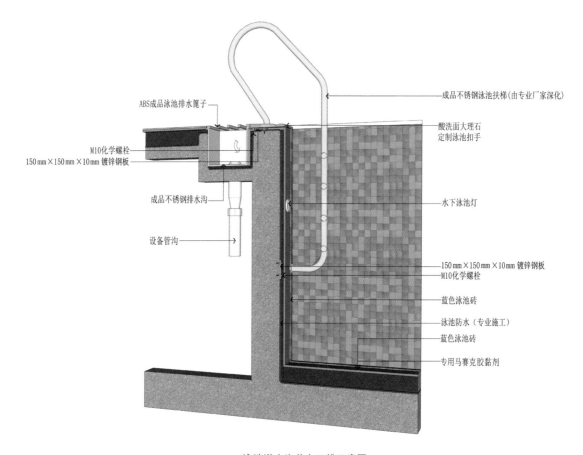

ABS成品泳池排水篦子

M10化学螺栓
150 mm×150 mm×10 mm 镀锌钢板

成品不锈钢排水沟

设备管沟

成品不锈钢泳池扶梯(由专业厂家深化)

酸洗面大理石
定制泳池扣手

水下泳池灯

150 mm×150 mm×10 mm 镀锌钢板
M10化学螺栓
蓝色泳池砖
泳池防水（专业施工）
蓝色泳池砖
专用马赛克胶黏剂

泳池溢水沟节点三维示意图

泳池荷载

若在既有建筑改造中新增泳池功能，则应考虑泳池下方楼板的荷载，该楼板荷载需达到 800～1000 kg/m²。若原有结构设计无法满足荷载要求，则需对该区域进行结构加固。

泳池防水

泳池的主体结构及装饰材料必须有良好的防腐蚀性，需达到隔汽、防潮、保温及隔热的要求，同时防止出现结露的现象。馆内设备包括计时器、电器设备等，也需要采取防腐蚀、防潮等措施。

泳池防滑

为了确保泳池内地面的安全性和防滑性，在选择地面材料时应选用防滑性能较好的地砖，如果选用天然大理石，应将面层做毛面处理，池边应安装手抓砖。同时需采取多种防滑措施，包括清洁保养、使用防滑剂、安装防滑地垫和维护防滑地砖等。

知识点 75　病房设备带

医用气体终端安装要求

①气体终端组件中心距墙或隔断应大于200 mm。

②横排布置的终端组件，相邻终端组件的中心距离宜为80～150 mm且等距离分布。

③医用供应设备带的宽度一般为200~270 mm，一般安装高度为设备带下沿距地1300 mm左右。

装配式龙骨隔墙安装设备带节点

装配式龙骨隔墙内置多功能高隔声板，增强了轻钢龙骨非承重隔墙的整体结构强度，预设管线孔，方便了水管、线管的铺设，解决了线盒安装、窜声等问题。因整体结构为标准化的装配式结构，具有高隔声、防火、环保、抗震减振、空间占用少、标准化程度高、施工效率快、性价比优势明显等特点，在医疗改造项目中成为一种病房隔墙的新型材料。

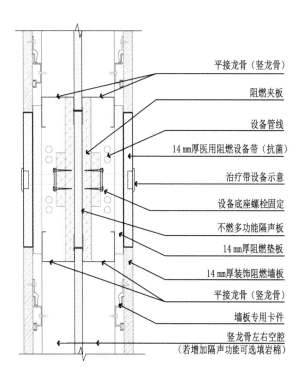

平接龙骨（竖龙骨）
阻燃夹板
设备管线
14 mm厚医用阻燃设备带（抗菌）
治疗带设备示意
设备底座螺栓固定
不燃多功能隔声板
14 mm厚阻燃垫板
14 mm厚装饰阻燃墙板
平接龙骨（竖龙骨）
墙板专用卡件
竖龙骨左右空腔
（若增加隔声功能可选填岩棉）

竖向剖面大样图（全墙板干挂）

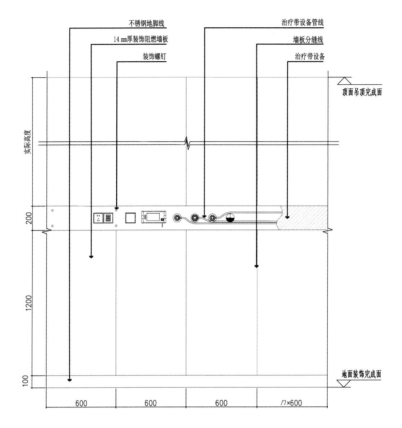

不锈钢地脚线
14 mm厚装饰阻燃墙板
装饰螺钉

治疗带设备管线
墙板分缝线
治疗带设备

顶面吊顶完成面

实际高度

200

1200

100

地面装饰完成面

600　600　600　n×600

治疗带（全墙板干挂）安装带示意图

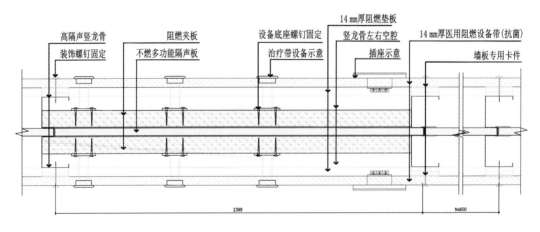

高隔声竖龙骨
装饰螺钉固定

阻燃夹板
不燃多功能隔声板

设备底座螺钉固定
治疗带设备示意

14 mm厚阻燃垫板
竖龙骨左右空腔
插座示意

14 mm厚医用阻燃设备带(抗菌)
墙板专用卡件

2399　Nx600

治疗带（全墙板干挂）安装横向剖面大样

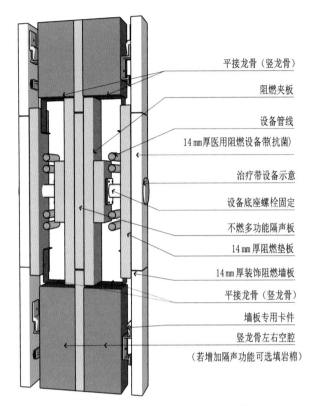

平接龙骨（竖龙骨）

阻燃夹板

设备管线

14mm厚医用阻燃设备带(抗菌)

治疗带设备示意

设备底座螺栓固定

不燃多功能隔声板

14mm厚阻燃垫板

14mm厚装饰阻燃墙板

平接龙骨（竖龙骨）

墙板专用卡件

竖龙骨左右空腔

（若增加隔声功能可选填岩棉）

治疗带（全墙板干挂）安装竖向节点三维示意图

病房卫生间

病房内的卫生间应设紧急呼叫按钮和输液吊钩。

卫生间门应向外开启或可双向开启，门锁应里外均可开启，门的开启净宽不应小于800 mm，保证轮椅正常进出。门下方要设置百叶窗，便于观察及通气。

卫生间坐便器应两边或一边有把手，把手的高度要合适，确保安装牢固。地面要平整防滑，没有台阶或坡度小于15°。淋浴间应安装翻板式淋浴凳，墙面要设置安全抓杆，地面应铺设防滑垫。卫生间内应选用避免轮椅碰撞的挂墙式设备，尽量空出底部空间。应减少边角设计，边缘可用防撞条保护。

病房空调冷凝水

病房天花空调出风口附近难免出现空调冷凝水，可能会导致天花翘曲变形甚至霉变。设计时应使病房天花标高高于走道天花标高，避免冷凝水从走道倒灌至病房内，同时选用防水、防霉的天花材料，避免材料变形发霉。

第八章

_____

绿色健康建筑

近年来，国家不断发布有关绿色健康生活、绿色建筑、健康建筑的方针政策，比如国家发改委在2019年10月29日印发的《绿色生活创建行动总体方案》、住建部等多部委在2020年7月24日发布的《绿色建筑创建行动方案》、国务院在2019年7月15日印发的《国务院关于实施健康中国行动的意见》，广泛宣传推广简约适度、绿色低碳、文明健康的生活理念和生活方式，创建绿色家庭、绿色学校、绿色社区、绿色建筑，推动建筑全面实施绿色设计，推动绿色建材应用，提高住宅健康性能等。

绿色与健康已经成为建筑行业发展的必由之路，室内设计师需要跟上时代步伐，掌握相关知识和技能，才能更好地服务客户，满足人们的美好生活需求。

知识点 76 绿色建筑

定义：在全寿命期内，节约资源、保护环境、减少污染，为人们提供健康、适用和高效的使用空间，最大限度地实现人与自然和谐共生的高质量建筑。[摘自《绿色建筑评价标准》（GB/T 50378—2019）]

我国根据《绿色建筑评价标准》对竣工后的建筑进行评价，由低到高分为基本级、一星级、二星级、三星级四个等级。

绿色建筑标识

绿色建筑的评价指标体系由安全耐久、健康舒适、生活便利、资源节约、环境宜居5类指标组成，每类指标均包括控制项（必须满足）和评分项。

世界上很多国家都建立了绿色建筑评价体系，包括美国、德国、英国、新加坡等。英国最早提出了绿色建筑评价体系，而美国的绿色建筑评价体系LEED影响范围最广。

知识点 77 绿色建材

定义：在全生命周期内，可减少对天然资源的消耗和减轻对生态环境的影响，具有"节能、减排、安全、便利和可循环"特征的建材产品。（摘自《绿色建材评价技术导则》）

绿色建材的等级由评价的总得分确定，由低到高分为一星级、二星级、三星级三个等级。

绿色建材的系列评价标准是中国工程建设标准化协会发布的团体标准，评价指标包括资源属性指标、能源属性指标、环境属性指标和品质属性指标四类。

现已发布的标准如下：

《绿色建材评价　现代木结构用材》（T/CECS 10030—2019）

《绿色建材评价　砌体材料》（T/CECS 10031—2019）

《绿色建材评价　建筑节能玻璃》（T/CECS 10034—2019）

《绿色建材评价　防水卷材》（T/CECS 10038—2019）

《绿色建材评价　墙面涂料》（T/CECS 10039—2019）

《绿色建材评价　门窗幕墙用型材》（T/CECS 10041—2019）

《绿色建材评价　反射隔热涂料》（T/CECS 10044—2019）

《绿色建材评价　空气净化材料》（T/CECS 10045—2019）

《绿色建材评价　树脂地坪材料》（T/CECS 10046—2019）

《绿色建材评价　预拌混凝土》（T/CECS 10047—2019）

《绿色建材评价　预拌砂浆》（T/CECS 10048—2019）

《绿色建材评价　石膏装饰材料》（T/CECS 10049—2019）

《绿色建材评价　水嘴》（T/CECS 10050—2019）

《绿色建材评价　石材》（T/CECS 10051—2019）

《绿色建材评价　镁质装饰材料》（T/CECS 10052—2019）

《绿色建材评价　吊顶系统》（T/CECS 10053—2019）

《绿色建材评价　钢质户门》（T/CECS 10054—2019）

《绿色建材评价　集成墙面》（T/CECS 10055—2019）

《绿色建材评价　纸面石膏板》（T/CECS 10056—2019）

《绿色建材评价　建筑用阀门》（T/CECS 10057—2019）

《绿色建材评价　混凝土外加剂　减水剂》（T/CECS 10073—2019）

绿色建材标识

知识点 78 绿色产品

定义：在全生命周期过程中，符合环境保护要求，对生态环境和人体健康无害或危害小、资源能源消耗少、品质高的产品。[摘自《绿色产品评价通则》（GB/T 33761—2017）]

绿色产品认证标志

绿色产品的评价指标体系包括基本要求和评价指标要求两部分。基本要求包括节能环保、法律法规、工艺技术、管理体系及相关产品标准等方面；评价指标包括资源属性指标、能源属性指标、环境属性指标和品质属性指标共4类一级指标，并在一级指标下设置可量化、可检测、可验证的二级指标。对符合标准的产品颁发绿色产品认证标志。

现已发布的绿色产品评价的建材系列标准如下：

《绿色产品评价 人造板和木质地板》（GB/T 35601—2017）

《绿色产品评价 涂料》（GB/T 35602—2017）

《绿色产品评价 卫生陶瓷》（GB/T 35603—2017）

《绿色产品评价 塑料制品》（GB/T 37866—2019）

《绿色产品评价 建筑玻璃》（GB/T 35604—2017）

《绿色产品评价 墙体材料》（GB/T 35605—2017）

《绿色产品评价 太阳能热水系统》（GB/ T 35606—2017）

《绿色产品评价 家具》（GB/T 35607—2017）

《绿色产品评价 绝热材料》（GB/T 35608—2017）

《绿色产品评价 防水与密封材料》（GB/T 35609—2017）

《绿色产品评价 陶瓷砖（板）》（GB/T 35610—2017）

《绿色产品评价 纺织产品》（GB/T 35611—2017）

《绿色产品评价 木塑制品》（GB/T 35612—2017）

《绿色产品评价 纸和纸制品》（GB/T 35613—2017）

知识点 79 健康建筑

定义：在满足建筑功能的基础上，提供更加健康的环境、设施和服务，促进建筑使用者的生理健康、心理健康和社会健康，实现健康性能提升的建筑。[摘自《健康建筑评价标准》（T/ASC 02—2021）]

健康建筑的评价指标体系由空气、水、舒适、健身、人文、服务6类指标组成，每类指标均包括控制项和评分项。与绿色建筑相同，健康建筑由低到高分为铜级、银级、金级、铂金级4个等级（依次对应基本级、一星级、二星级、三星级）。

健康建筑标识

美国在2015年发布了《健康建筑评价标准》（Well Building Standard，简称WELL）。该标准不断更新、完善，最新的V2版本是从空气、水、营养、光、运动、热舒适、声环境、材料、精神、社区共10个方面进行评价，分为铜级、银级、金级、铂金级四个等级。

中国工程建设协会于2017年发布了《健康住宅评价标准》（T/CECS 462—2017），评价指标体系由空间舒适、空气清新、水质卫生、环境安静、光照良好和健康促进六类指标组成，每类指标均包括控制项和评分项。健康住宅由低到高分为一星级、二星级、三星级三个等级。

知识点 80　装饰装修材料的污染物控制

装饰装修材料产生的室内空气污染对人体有较大的危害，社会各界广泛关注，但是很长时间里都缺少法规的要求和指导，更没有明确责任主体。2018年至2021年，国家陆续出台了多项标准，为控制装饰装修工程的空气污染提供了方法、依据，明确了责任人。

《民用建筑工程室内环境污染控制标准》（GB 50325—2020）提出："民用建筑室内装饰装修设计应有污染控制措施，应进行装饰装修设计污染控制预评估，控制装饰装修材料使用量负荷比和材料污染物释放量。"

《住宅建筑室内装修污染控制技术标准》（JGJ/T 436—2018）提出了室内装饰装修污染控制的流程：

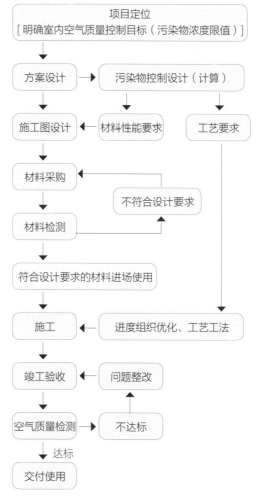

室内装饰装修污染控制流程

知识点 81　室内装修污染物浓度设计限量值

定义：装饰装修设计时要控制的室内污染物浓度的最高值。

我国的设计标准中涉及室内污染物浓度设计限量值的有三项标准，分别是《公共建筑室内空气质量控制设计标准》《住宅建筑室内装修污染控制技术标准》和《民用建筑绿色装修设计材料选用标准》，根据建筑类型和使用者要求确定设计依据和具体目标。

● 《公共建筑室内空气质量控制设计标准》（JGJ/T 461—2019）提出的室内化学污染物浓度设计限量值：

室内化学污染物浓度设计限量值

污染物	设计浓度 X（mg/m³）			
	Ⅰ类公共建筑		Ⅱ类公共建筑	
	一级限值	二级限值	一级限值	二级限值
甲醛	$X \leqslant 0.02$	$0.02 < X \leqslant 0.04$	$X \leqslant 0.03$	$0.03 < X \leqslant 0.05$
苯	$X \leqslant 0.02$	$0.02 < X \leqslant 0.05$	$X \leqslant 0.02$	$0.02 < X \leqslant 0.05$
TVOC（总挥发性有机化合物）	$X \leqslant 0.25$		$X \leqslant 0.30$	

注：1　Ⅰ类公共建筑类型：医院、养老院、幼儿园、学校教室等。
　　2　Ⅱ类公共建筑类型：其他建筑。
　　3　一级和二级的标准选择由项目委托方决定。

● 《住宅建筑室内装修污染控制技术标准》（JGJ/T 436—2018）提出的室内空气污染物浓度设计限量值：

室内空气污染物浓度设计限量值

污染物	浓度 C（mg/m³）		
	Ⅰ级	Ⅱ级	Ⅲ级
甲醛	$C \leqslant 0.03$	$0.03 < C \leqslant 0.05$	$0.05 < C \leqslant 0.08$
苯	$C \leqslant 0.02$	$0.02 < C \leqslant 0.05$	$0.05 < C \leqslant 0.09$
甲苯	$C \leqslant 0.10$	$0.10 < C \leqslant 0.15$	$0.15 < C \leqslant 0.20$
二甲苯	$C \leqslant 0.10$	$0.10 < C \leqslant 0.15$	$0.15 < C \leqslant 0.20$
TVOC	$C \leqslant 0.20$	$0.20 < C \leqslant 0.35$	$0.35 < C \leqslant 0.50$

注：1　等级标准的选择由项目委托方决定。
　　2　不含活动家具的装饰装修工程室内空气污染物浓度不应高于Ⅱ级限量。

●《民用建筑绿色装修设计材料选用标准》（T/CECS 621—2019）提出的室内污染物浓度设计限量值：

室内污染物浓度设计限量值

装饰装修设计类型		甲醛（mg/m³）	VOC（挥发性有机化合物）（mg/m³）	氡（Bq/m³）	氨（mg/m³）	苯（mg/m³）
住宅、医院、养老院、幼儿园、学校教室等	有预留活动家具	0.04	0.30	150	0.10	0.04
	无预留活动家具	0.06	0.40	150	0.15	0.06
其他民用建筑	有预留活动家具	0.05	0.40	150	0.10	0.05
	无预留活动家具	0.07	0.50	150	0.15	0.07

注：本表经过简化合并，因为对于正常使用的民用建筑室内环境不会出现高温状况。

知识点 82 装饰装修材料污染物释放率等级

定义：根据单位时间内、单位表面积的材料释放的污染物质量划分的材料等级。时间单位为小时（h），表面积单位为平方米（m²），污染物质量单位为毫克（mg）。

●《公共建筑室内空气质量控制设计标准》（JGJ/T 461—2019）中，根据装饰装修材料的种类，对其污染物释放率等级进行划分：

污染物释放率分级（根据装饰装修材料的种类划分）

材料类别	污染物释放率 [mg/（m²·h）]		
	一级	二级	三级
人造板及其制品	甲醛：< 0.01 TVOC：< 0.06	甲醛：0.01 ~ 0.05 TVOC：0.06 ~ 0.1	甲醛：0.05 ~ 0.10 TVOC：0.10 ~ 0.50
水性木器漆	甲醛：< 0.03 TVOC：< 10	甲醛：0.03 ~ 0.05 TVOC：10 ~ 15	甲醛：0.03 ~ 0.05 TVOC：15 ~ 30
溶剂型木器漆	无	甲醛：< 0.03 TVOC：< 15	甲醛：0.03 ~ 0.05 TVOC：15 ~ 35
内墙涂料、腻子	甲醛：< 0.01 TVOC：< 0.75	甲醛：< 0.01 TVOC：0.75 ~ 2	甲醛：0.01 ~ 0.02 TVOC：2 ~ 5
壁纸、壁布、贴膜	甲醛：< 0.01 TVOC：< 0.3	甲醛：0.01 ~ 0.02 TVOC：0.3 ~ 0.5	甲醛：0.01 ~ 0.02 TVOC：0.5 ~ 1

●《住宅建筑室内装修污染控制技术标准》（JGJ/T 436—2018）中，根据污染物的种类，对装饰装修材料的污染物释放率等级进行统一划分：

污染物释放率等级（根据污染物的种类划分）

污染物	污染物释放率 E			
	F1	F2	F3	F4
甲醛	$E < 0.01$	$0.01 \leqslant E < 0.03$	$0.03 \leqslant E < 0.06$	$0.06 \leqslant E < 0.12$
苯	$E < 0.01$	$0.01 \leqslant E < 0.03$	$0.03 \leqslant E < 0.06$	$0.06 \leqslant E < 0.12$
甲苯	$E < 0.01$	$0.01 \leqslant E < 0.05$	$0.05 \leqslant E < 0.10$	$0.10 \leqslant E < 0.20$
二甲苯	$E < 0.01$	$0.01 \leqslant E < 0.05$	$0.05 \leqslant E < 0.10$	$0.10 \leqslant E < 0.20$
TVOC	$E < 0.04$	$0.04 \leqslant E < 0.20$	$0.20 \leqslant E < 0.40$	$0.40 \leqslant E < 0.80$

室内装饰装修设计的污染物预评价

定义：在室内装饰装修设计过程中，针对设计方案及所用装饰装修材料的品种、数量，并根据材料的污染物释放特性模拟预测室内可能出现的污染负荷、浓度水平及变化趋势。

室内装饰装修的污染物预评价可采用的方法有两种，分别是规定指标法和性能指标法。

规定指标是指标准对装饰装修材料的污染物释放率、材料用量等参数做了规定，设计师只要根据材料污染等级选择材料用量即可，这是一种比较简单的污染物控制方法。

《住宅建筑室内装修污染控制技术标准》（JGJ/T 436—2018）给出了采用材料污染物释放率指标进行控制时，如果室内空气质量控制目标为 II 级，房间材料面积承载率的计算公式：

$$\frac{1}{4}N_{F2} + \frac{3}{5}N_{F3} + \frac{6}{5}N_{F4} \leqslant \frac{1}{\alpha}$$

$$N_{Fi} = \frac{S_{Fi}}{A}$$

式中：N_{F2}——污染物释放等级为F2的材料面积承载率；

N_{F3}——污染物释放等级为F3的材料面积承载率；

N_{F4}——污染物释放等级为F4的材料面积承载率；

α——温度修正系数；

S_{Fi}——等级为Fi的材料面积（m²），i代表材料综合污染物释放率等级，取2、3、4；

A——房间面积（m²）。

性能指标法立足于总体室内空气质量是否满足控制目标的要求，通过计算分析材料释放率及用量，保障污染物浓度低于目标限值。

知识点 84 室内空气质量控制设计

室内空气质量控制设计的内容包括室内空气质量控制目标、材料构件污染释放率、装饰装修方案及材料用量、净化系统性能参数、数量及布置情况等。在设计标准中已经明确要求：室内装饰装修方案设计和施工图设计的设计说明中应单列"室内空气质量控制设计"章节，从而在设计阶段保障空气质量达到标准限值。

例：北京某住宅室内空气质量控制目标为Ⅱ级，以其中一间卧室（长5 m，宽4 m，吊顶高度2.5 m）为例列表。

室内空气质量控制设计（以一间卧室为例）

房间名称	装修面	材料种类	材料用量（m²）	房间面积（m²）	面积承载率	甲醛释放率等级
卧室	墙面	壁纸	39.5	20	1.975	F1（≤ 0.01）
		木门	2		0.1	F3（≤ 0.06）
		木踢脚线	1.36		0.045	F4（≤ 0.12）
	顶面	乳胶漆	20		1	F2（≤ 0.03）
		石膏板	20		1	F1（≤ 0.01）
	地面	木地板	20		1	F2（≤ 0.03）

注：材料污染物释放率等级为F1的材料不参与设计计算，且材料用量不受限值影响。

根据公式

$$N_{Fi} = \frac{S_{Fi}}{A}$$

可得

$N_{F2} =（20+20）/20=2$
$N_{F3} =2/20= 0.1$
$N_{F4} = 1.36/20= 0.068$（踢脚线高度为80 mm）

根据公式

$$\frac{1}{4}N_{F2} + \frac{3}{5}N_{F3} + \frac{6}{5}N_{F4} \leq \frac{1}{\alpha}$$

可得

$0.25×2+ 0.6×0.1 + 1.2×0.068 = 0.6416$

注：北京最热月平均温度为27 ℃，温度修正系数为1.55。

结果符合控制目标，可以按照上表的甲醛释放率等级对各种材料进行控制。

公共建筑普遍安装了新风系统和空调系统，在正常使用的情况下室内外空气交换较为复杂，因此《公共建筑室内空气质量控制设计标准》（JGJ/T 461—2019）提出室内空气质量控制设计的说明内容应包括室内空气质量设计参数、室外空气质量计算参数、室内污染源、穿透系数和建筑渗透风换气次数、最小新风量设计计算，设备选型计算及性能参数要求等。

知识点 **85** 碳排放与碳达峰

国务院于2021年10月24日发布了《2030年前碳达峰行动方案》，方案中提出了"碳达峰十大行动"，城乡建设碳达峰行动是其中之一。

中国建筑节能协会公布的数据：2018年全国建筑全过程碳排放总量为49.3亿吨CO_2，占全国碳排放的比例为51.3%。其中建材生产阶段碳排放27.2亿吨CO_2，建筑运行阶段碳排放21.1亿吨CO^2。毫无疑问，建筑的碳排放是节能减排的重点。

建筑全过程碳排放是建筑材料生产运输、建筑施工、建筑运行、建筑拆除四个阶段的CO_2排放总和。建筑碳排放降低的四个方法是建筑能效提高（节能）、建筑物产生能源增加、建筑电气化和使用清洁电力、碳汇及固碳等负碳技术应用。

在设计中使用低碳、零碳甚至是负碳材料，采用节能高效的设备，提高使用效率，都是室内设计师的重要责任。

知识点 **86**　垂直绿化

垂直绿化也叫立体绿化，是以建筑物的墙体为依托，由植物、栽培物质、种植槽、浇灌系统、支撑系统组成的新型绿化方式，其特点是不占用土地面积、植物种类多、组合形式多样、自动浇灌、用水节约、更换植物方便。

室内设置垂直绿化墙，能增强空间的生命活力，减轻精神压力，吸附空气中的有害物质，在北方地区还可以增加空气湿度。

在室内墙面设置垂直绿化，需要贴墙面架设钢骨架，然后在骨架上安装种植槽（基盘）和浇灌管线（系统），最后栽培选定的植物。种植槽有卡盆式、包裹式、箱式、嵌入式等不同种类。

由于室内的自然光光照不足，一般选择耐阴的多年生草本植物，以赏叶为主。可尽量选择适应性强的本地植物，成活率高。还可以设置配套的灯光照射和风扇，实现弱（无）自然光环境的植物生长。

室内垂直绿化（包裹式，底部为水槽，内置水泵）（图片来源：张磊摄）

局部（绿植、滴灌水管、不锈钢网格、麻布包覆种植土）

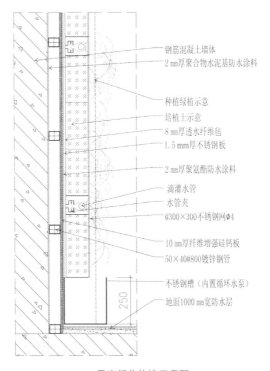

钢筋混凝土墙体
2 mm厚聚合物水泥基防水涂料

种植绿植示意

培植土示意
8 mm厚透水纤维毡
1.5 mm厚不锈钢板

2 mm厚聚氨酯防水涂料

滴灌水管
水管夹
@300×300不锈钢网φ4

10 mm厚纤维增强硅钙板
50×40@800镀锌钢管

不锈钢槽（内置循环水泵）
地面1000 mm宽防水层

250

垂直绿化构造示意图

189

第九章

装饰装修
BIM设计

　　我们已经迈入数字化时代，如数字化城市、数字化建筑、数字化产品与数字化建造，无论主动还是被动，大家都逐渐沉浸在数字化生活中。数字化的建筑首先体现为BIM（Building Information Modeling，建筑信息模型），可以说BIM是建筑的数字孪生物，它为传统的建筑设计方法、技术带来了革命性的变化。

　　我国的BIM设计已有十多年的发展历程，从先设计后建模（先画二维图纸，再根据二维图纸建立三维模型）到模型引领设计（正向设计），从三维造型到参数化、性能化设计，从设计模型到生产模型，都是建筑工业化、现代化的重要技术支撑。采用BIM设计的项目从城市的标志性建筑扩展到了普通建筑，在EPC项目中更是普遍应用，BIM设计已经走向成熟。

　　BIM是基于三维的设计，因此比二维图纸更容易让人理解，其特点包括可视化、参数化、模块化等，还可以利用模型进行采光、通风、声学等性能分析，工程量统计和经济性分析，管线综合碰撞检查，施工模拟分析等，功能极其强大。虽然现阶段的BIM软件还缺少针对建筑装饰设计的二次开发，但大量采用BIM设计方式的建筑，其复杂的建筑形态、功能迫使装饰设计师了解、熟悉、掌握BIM设计。本章摘取了建筑装饰装修BIM设计中的一些基础知识点，向大家做简要介绍。

知识点 87　装饰装修BIM

运用数字信息仿真技术模拟建筑装饰装修所具有的真实信息，是建筑装饰装修工程阶段的物理特性、功能特性及管理要素的共享数字化表达，属于建筑信息模型的子信息模型。

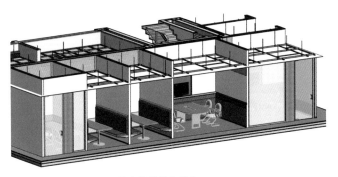

某办公楼装饰装修 BIM

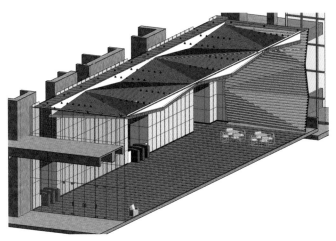

某办公楼大堂装饰装修 BIM

①装饰装修BIM不局限于使用某一种软件，满足装饰装修工程不同阶段所需信息的软件都可以拿来使用。

②装饰装修BIM在装饰装修工程全过程中是唯一的，其所包含的信息是在前期策划、设计、施工、运维等阶段不断细化完善的。

③装饰装修BIM主要应用点在于可视化、协调性、模拟性、优化性和可出图性。

④在满足项目实际需求的基础上，装饰装修BIM宜采用较低的模型细度和轻量化，适度建模。

知识点 88　BIM可视化

BIM技术可以在装饰装修工程全过程实现可视化设计，实现真正的"所见即所得"，对装饰装修设计的细节部分清晰、真实地显现。

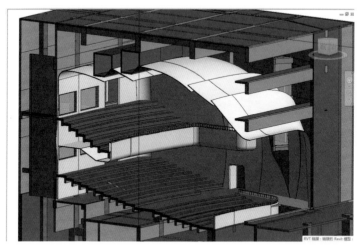

某剧场装饰装修 BIM 可视化

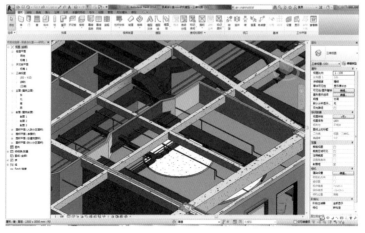

某会议室装饰装修全专业 BIM 可视化

①BIM可视化在装饰装修工程各阶段都有所体现：方案设计阶段通过与甲方进行可视化沟通，有利于设计方案的评审；施工图设计阶段通过可视化，完善关键部位深化设计，在出图时对于复杂空间，可通过3D透视图或轴测图辅助表达；施工阶段通过创建施工过程模拟，实现对施工过程可视化信息化管理；运维阶段通过创建运营维护模型、可视化3D浏览，对设备及空间进行运营维护管理。

②BIM可视化类型多样，包括空间透视图、轴测图、渲染图、360°全景视图及动画漫游全景图等。

知识点 89 碰撞检查

碰撞检查即检查装饰装修BIM所包含的各类装饰构件或设施是否满足空间相互关系的过程。利用BIM的3D可视化特性，在设计的早期阶段便可发现内在的固有的一些矛盾和问题，从而进行设计优化处理。

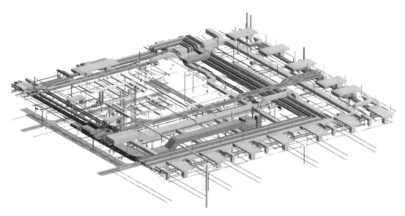

某办公室楼设备管线综合模型

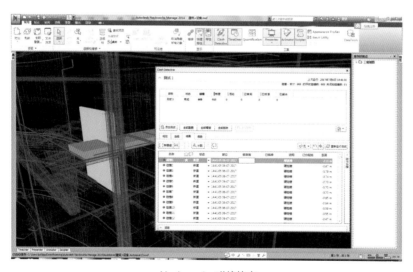

Navisworks 碰撞检查

①碰撞检查一般在进入施工图流程后应用，主要是对机电各专业设备管线之间、机电各专业与综合天花之间、饰面板与基层构件之间等进行冲突检查。

②需要有针对性地选择进行碰撞检查的构件并选择合适的允许误差，才能导出有意义的冲突检查报告，进而组织会议讨论调整方案及优化模型。

知识点 90 BIM成果交付

BIM成果交付是指建筑信息模型完成后，向业主交付的模型成果，包括但不限于各专业信息模型（原始模型或经产权保护处理后的模型）、基于信息模型形成的各类视图、分析表格、说明文件、辅助多媒体文件等。

动画漫游

渲染图片

①出图前，应对装饰装修施工图模型进行校审，保证跟其他专业协调工作完成。

②导出的施工图应按照《建筑制图标准》（GB/T 50104—2010）进行标识和标注，对于局部复杂空间，可通过 3D 透视图和轴测图辅助表达。

③施工图纸深度应当符合住建部《建筑工程设计文件编制深度规定》（2015年版）的要求，施工图纸表达应符合《建筑工程设计信息模型制图标准》（JGJ/T 448—2018）的要求。

④其他交付物须同装饰装修BIM信息保持一致。

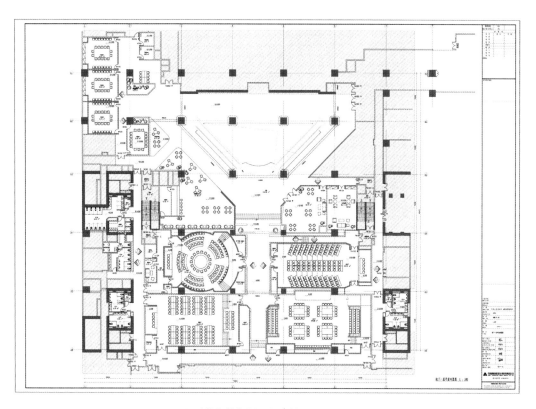

通过装饰装修 BIM 导出的 CAD 图纸

知识点 91	**BIM设计标准**

随着BIM技术在国内不断发展，我国颁布了一系列BIM应用相关标准，这些标准从构建BIM设计环境、规范BIM应用过程、提高BIM应用效率等方面为BIM在行业的持续应用奠定了基础。此外，各个省市也有自己相关的BIM要求政策，从BIM应用层面提出更为具体的要求。

BIM设计标准

标准编号及版本	标准名称	主要内容
GB/T 51212—2016	建筑信息模型应用统一标准	该标准对建筑信息模型在工程项目全寿命期的各个阶段建立、共享和应用进行统一规定，包括模型的数据要求、模型的交换及共享要求、模型的应用要求、项目或企业具体实施的其他要求等，其他标准应遵循统一标准的要求和原则
GB/T 51269—2017	建筑信息模型分类和编码标准	该标准与 IFD 关联，基于 Omniclass，面向建筑工程领域，规定了各类信息的分类方式和编码办法，这些信息包括建设资源、建设行为和建设成果。对于信息的整理、关系的建立、信息的使用都起到了关键性作用
GB/T 51235—2017	建筑信息模型施工应用标准	该标准规定在施工过程中该如何应用 BIM，以及如何向他人交付施工模型信息，包括深化设计、施工模拟、预加工、进度管理、成本管理等方面
GB/T 51301—2018	建筑信息模型设计交付标准	该标准含有 IDM 的部分概念，也包括设计应用方法。规定了交付准备、交付物、交付协同三方面内容，包括建筑信息模型的基本架构、模型精细度、几何表达精度、信息深度、交付物、表达方法、协同要求等。另外，该标准指明了"设计 BIM"的本质，就是建筑物自身的数字化描述，从而在 BIM 数据流转方面发挥了标准引领作用
JGJ/T 448—2018	建筑工程设计信息模型制图标准	该标准提供了一个具有可操作性的、兼容性强的统一基准，以指导基于建筑信息模型的建筑工程设计过程中，各阶段数据的建立、传递、和解读，特别是各专业之间的协同、工程设计参与各方的协作，以及质量管理体系中的管控等。 根据 BIM 相关标准，装饰装修 BIM 应达到以下要求：装饰装修 BIM 应能够实现各相关方的协调工作、信息共享；从模型获得的信息具有唯一性；模型结构具有开放性、可扩展性。BIM 信息编码应符合《建筑信息模型分类和编码标准》（GB/T 51269—2017）中各种分类结构下的编码及扩展规定
T/CBDA 58—2022	建筑装饰装修工程 BIM 设计标准	该标准适用于新建、扩建、改建和既有建筑的装饰装修工程 BIM 设计，分为概念设计、方案设计、初步设计、施工图设计和深化设计五个阶段，根据各个阶段的工作内容对 BIM 设计的深度、精度、协同、交付等方面提出了具体的要求，并梳理了设计部品命名规则表、材料和部品分类编码表、非几何信息表，具有很强的指导性作用

第十章

装配式内装修

建筑领域的节能减排、低碳转型是我国实现"双碳"目标的关键一环。近年来，我国政府高度重视住宅建筑产业生产方式的变革，全力推广工业化建造体系，驱动行业现代化转型，并明确提出大力发展集成装配式技术。

知识点 92   装配式装修的概念

　　装配式装修技术是以研究住宅内装部品化集成设计和装配化施工的原理、方法及应用技术为主要内容的新型学科，其知识范围涉及建筑设计和工业设计两个学科领域。

　　遵循管线与结构分离[1]的原则，运用集成化设计方法，统筹隔墙和墙面系统、吊顶系统、楼地面系统、厨房系统、卫生间系统、收纳系统、内门窗系统、设备和管线系统等，将工厂化生产的部品部件以干式工法[2]为主进行施工安装的装修建造模式。

　　装配式装修技术应以住宅全产业链的可持续发展为原则，以内装部品为基本元素，综合居住空间环境内各功能要素在组织布局、选型配置、加工制造、施工安装、运营维护以及报废处理的全过程中各环节的技术运用的合理性，建立起住宅多方面的品质。

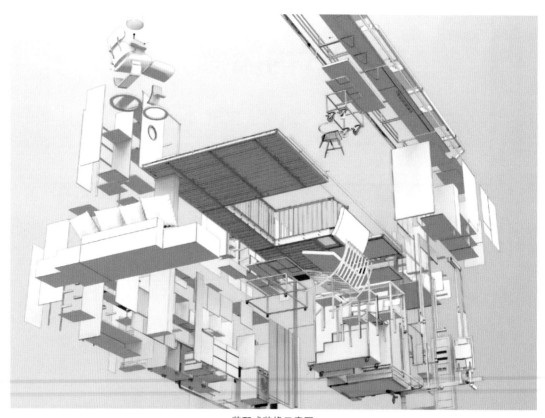

装配式装修示意图

---

1 管线与结构分离：建筑结构体中不埋设设备及管线，采取设备及管线与建筑结构体相分离的方式。
2 干式工法：现场采用干作业施工工艺的建造方法。

知识点 93　建筑主体与室内装修

　　就整体建筑而言，建筑主体与内装体的生命周期不同，因此，建筑与内部的任务不同。建筑主体以安全性和耐久性为技术目标，建筑内装以可变性和多样性为技术内容，把建筑分解为主体（支撑体）和填充体两个部分，并针对其特点进行技术安排的方法，就是SI技术体系的基础原理，也是装配式内装设计和技术应遵循的基本原则。

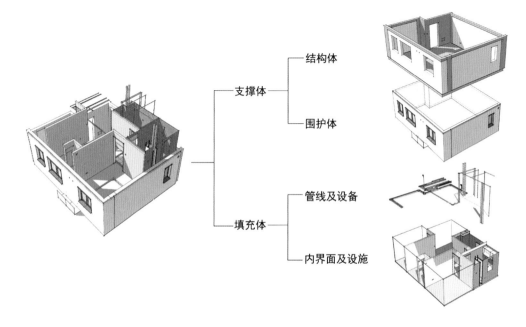

SI 技术体系

知识点 94　装配式装修技术的特征

为应对不同家庭的具体需求，装配式装修技术逻辑应以满足设计需求为出发点，包括以下几个方面的要求：第一，满足居住者对多样化和可变性的要求；第二，满足工厂化生产和现场组装对低耗高效的要求；第三，满足内装部品市场化供应对产品规格和接口技术通用性的要求。

综上所述，装配式装修技术具有以下几个特征：

①以内装部品为元素，区别于以材料为元素的方式，也可称为部品化装修技术。

②应采用工厂化生产的标准化内装部品，通过现场组装交付，无需二次加工。

③部品的边界条件和装配技术应通用，满足互换性要求。

④可选择性配置，满足菜单式供应和多样化输出的设计服务要求。

⑤通过行业协商，统一内装部品的规格和接口条件，满足市场化供应的要求。

知识点 95　内装部品的概念

"部品"一词来源于日本，在日语中"部品"是一个泛用词，泛指用来构成整体的一个组成部分。也许是因为词义有不可替代的含义，近年来，"部品"一词在我国建筑术语中被直接使用。

《住宅部品术语》（GB/T 22633—2008）给出了住宅部品的概念：部品是指按照一定的边界条件和配套技术，由两个或两个以上的住宅单一产品或复合产品在现场组装而成，构成住宅某一部位中的一个功能单元，能满足该部位一项或者几项功能要求的产品。

进一步解读"部品"的含义，其中的"部"指构成整体的部分，是整体中具有特定功能的部位；"品"是指其自身是独立的产品，也是市场销售的商品。因此住宅部品应满足以下四个条件：

①构成住宅整体的一个组成部分，是一个相对独立的单元。

②在住宅整体系统中的某个部位，完成这个部位的特定功能。

③由工厂加工制造，是满足住宅某个单元功能的标准化产品。

④满足通用化条件，是可以市场化销售的商品。

知识点 96　内装部品分类及编码

在实际运用中，比较普遍地将部品分为建筑维护部品、内装部品和设备管线部品三大类。内装部品划分为界面部品、厨房部品、卫生间部品、收纳及家具部品、设备管线部品五大类内装部品系统，如果将界面部品细分，也可以划分为墙、地、顶、门窗、厨房、卫生间、收纳及家具、设备管线八大类，并在大类的构架下进一步细分，直到具体产品，可以形成系统的产品目录。

内装部品分类及编码

内装	N00 大类		N0000 中类		N000000 小类		N00000000 产品	
	编码	名称	编码	名称	编码	名称	编码	名称
	N01	墙	N0101	隔墙部品	N010101	砌块隔墙	N01010101	
			N0102	墙体饰面层／板	N010201	乳胶漆涂料	N01020101	耐水乳胶漆涂料
	N02	顶	N0201	吊顶	N020101	龙骨吊顶	N02010101	金属龙骨吊顶
N	N03	地	N0301	地面垫层	N030101	水泥砂浆基层	N03010101	
			N0302	地面饰面贴面	N030201	地面涂装装饰层	N03020101	混凝土垫层水泥砂浆找平
	N04	门窗	N0401	室内门	N040101	油漆门／门套	N04010101	
	N05	厨房	N0501	厨房电力设施	N050101	厨房电气	N05010101	厨房电热设施
			N0502		N050201		N05020101	厨房设备
	N06	卫生间	N0601		N060101		N06010101	
			N0602	卫浴设施	N060201	卫浴收纳	N06020101	收纳家具
	N07	家具收纳	N0701	固定类家具	N070101	嵌入式收纳	N07010101	嵌入式柜
			N0702	软装配饰	N070201	可移动家具	N07020101	茶几
	N08	设备管线	N0801	给排水设备及管	N080101	给水设备	N08010101	热水设备
			N0802	暖通设备及管线	N080201	供暖设备	N08020101	散热器

N：内装
N00：大类（墙）
N0000：中类（内隔墙）
N000000：小类（龙骨隔墙）
N00000000：产品（轻钢龙骨石膏板内隔墙）

知识点 97　内装部品化设计

　　内装部品化是通过部品组装的方式，实现成品交付的过程，从而解决了因材料在现场的二次加工，所带来的工期长、耗能大、垃圾和噪声污染等旧有施工方式的问题，达到降低能耗、节材省工、高效环保的目标。

　　内装部品规格的通用化、接口的标准化，是实现不同功能和不同性能的产品互换的前提条件，部品的选择配置、产品迭代是系统维护和升级并实现内装多样化和可变性的基础，因此，标准化是内装装配化的重要手段。

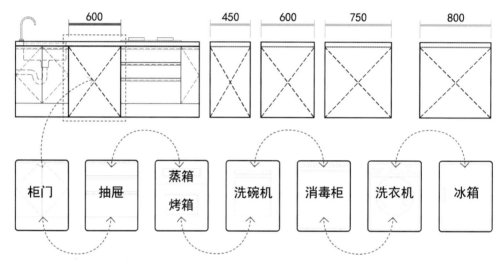

部品通用性、互换性

知识点 98 模块化设计——建立模块化层级系统

模块化是最先进的标准化形式，或者说是最高级的标准化形式。根据《标准化工作指南 第1部分：标准化和相关活动的通用词汇》（GB/T 20000.1—2002），标准化的概念为：在一定范围内获得最佳秩序，对现实问题或潜在问题制定共同使用和重复使用的条款的活动。标准化的主要形式和内容包括：简化、统一化、通用化、系列化、组合化、模块化等。模块化的宗旨是实现效益的最大化，其意图是适应市场竞争，满足多样化需求，实现最佳的效益和质量。

模块化设计包含了三个阶段：第一阶段，通过分解自上而下的建立模块化结构体系，制定系统通用规划；第二阶段，在通用规则下，通过标准模块的选择性组合，完成设计成果输出；第三阶段，输出过程和成果的信息反馈回系统，系统通过淘汰、完善和补充新模块，对系统进行优化和升级。三个阶段的循环构成一个稳定与动态相结的、合开放型的标准化系统。

从模块化设计的概念了解住宅，住宅是由具有典型性的空间模块、空间子模块和空间内的部品模块组成的模块化系统。因此，住宅模块化设计也是从各功能空间的分解入手，逐级建立住宅的模块和子模块系统。

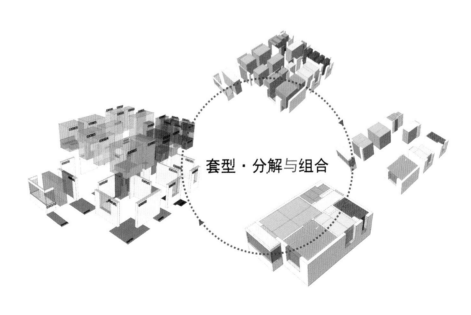

住宅的模块分解和组合

以一个典型的居室单元为例，按功能将空间分解为起居室、餐厅、卧室、厨房、卫生间、阳台、门厅（玄关）、管道竖井共8个功能区域，我们可以把这一层级的模块称为单位功能模块。

将这些单位功能模块再次分解，就可以形成典型的功能子模块。子模块对应某一个具体的生活行为，如如厕、盥洗、沐浴等，我们可以把这一层级的功能子模块称为单一功能模块系统。

如果将单一功能模块继续分解，就可以将功能模块中完成特定行为所需的动作空间与完成特定行为所需的居住产品分离开，将构成居室环境的一系列物质元素剥离出来，形成内装部品模块系统。

就这样，通过不同递次的水平分解，可以获得不同层级的功能模块。

套型模块　　　　　　　　单位空间模块　　　　　　　　单一空间模块

居室功能空间的模块化分解

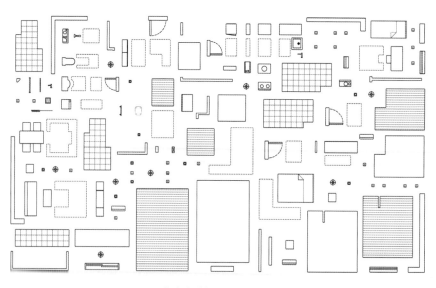

住宅内装部品模块系统

　　模块分解的目的是模块的组合设计，模块组合的过程就是模块化设计的过程，其特征是上一层级模块对下一层级模块的选择性组织。应该说明，模块组织需考虑如下因素：①排列顺序应符合一般使用频率和生活习惯；②各模块与管井模块的位置应考虑管线安装的便利；③模块组织应充分考虑空间的复合利用；④尽量避免如厕模块正对入口等违背常识的布局方式。

厨房单一功能模块的多样化组合

厨房通用模块		模块组合	备注
150 进级			一字形厨房
			L形厨房
200（或100）进级			U形厨房
			H形厨房

卫生间单一功能模块的多样化组合

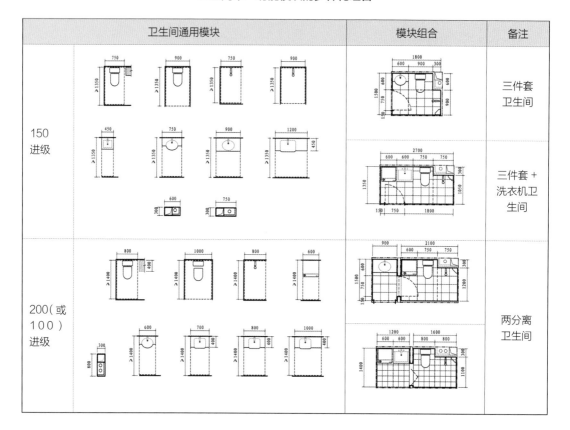

总之，住宅模块化设计通过功能模块分解、建立层级系统、制定系统规则、选择性组合输出和自我完善体制，实现了住宅空间效能、部品品质和安装效率的分散化技术演进，建立起以多样化输出为目标的现代化设计标准体系。

知识点 **99** 模数协调

　　住宅设计中，建筑空间尺寸与内装部品尺寸、内装部品与内装部品的组合尺寸、内装部品通用规格尺寸系列化、内装部品与部品及空间的接口尺寸和位置、内装部品与部品及空间之间的装配间隙和公差配合尺寸等，这些都是内装标准化的重要内容。建立通用的尺寸标准，是集成装配式装修技术的基础。

　　在内装标准化建设中，模数协调应具有两方面的意义：①通过模数协调空间与部品、部品与部品的尺寸关系，便于一体化集成装配技术的实施；②通过模数规则，建立住宅部品的通用规格和系列化标准，实现产品的规格通用、功能互换和技术配套。

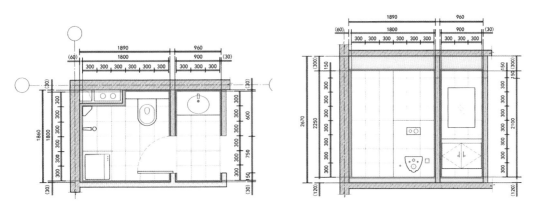

空间尺寸和部品规格之间建立协调的尺寸关系

　　依据《建筑模数协调标准》（GB/T 50002）的相关规定，结合行业惯例和工程实践，针对建筑装修一体化技术的特点，推出3 nM和2 nM两组空间尺寸进级数列，并分别提示了两组数列应用时，空间尺寸与部品规格的适配方法，具体包括以下内容：

　　当空间净尺寸以3 nM=300 mm，或1.5 nM=150 mm进级时，功能尺寸和部品规格可采用3 m=30 mm、5 m=50 mm和15 m=150 mm为进级基数。

　　当空间净尺寸以2 nM=200 mm，或1 nM=100 mm进级时，功能尺寸和部品规格可采用2 m=20 mm、5 m=50 mm和10 m=100 mm为进级基数。

知识点 100　模数网格化设计

网格化设计是规范部品通用、实现产品互换的有效方法，是将空间、部品及部件的形状及组装关系，规划在相互匹配的坐标网格中，使它们的外形尺寸占有整数倍的格距，协调特定区域内空间与部品、部品与部品的尺寸和定位关系。当采用内装模数网格化设计时，可根据空间条件和内装设计要求，将网格填充在模数空间内，进行内装设计和内装部品的定位，可参考以下方法：

①当空间净尺寸采用3 M=300 mm（或1.5 M=150 mm）为进级基数时，可填入以30 mm为进级基数的模数网格，进行内装部品尺寸设计和定位。

②当空间净尺寸采用2 M=200 mm（或1 M=100 mm）为进级基数时，可填入20 mm为进级技术的模数网格，进行内装部品尺寸设计和定位。

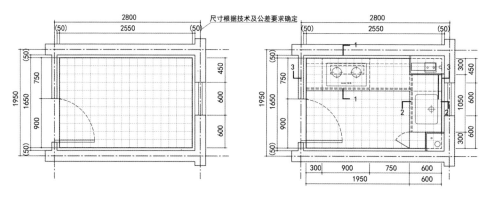

厨房空间净尺寸以 1.5 M=150 mm 为进级基数，进行模数网格化设计

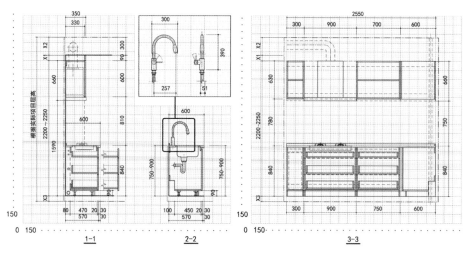

使用 30 mm 的模数网格进行叠加填充

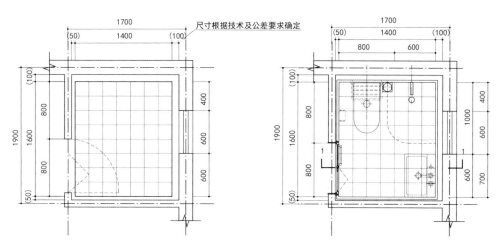

卫生间空间净尺寸以 2 M=200 mm 为进级基数，进行模数网格化设计

③需要精细化设计时，可进一步通过网格叠加的方式进行加密，进行深化设计。

④内装部品装配技术截面、零配件、接口构造、装配间隙、公差与配合、管线系统等节点尺寸，可使用分模数进行尺寸设计。

⑤当采用分模数增量的国际标准值1/2 M=50 mm作为定位网格时，应符合国际标准对分模数使用要求的相关规定。

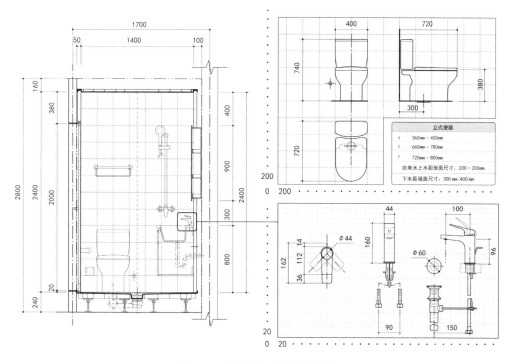

使用 20 mm 的模数网格进行叠加填充

知识点 101　装配率

装配率是评价装配式建筑的重要指标之一，也是政府制定装配式建筑扶持政策的主要依据指标。《装配式建筑评价标准》（GB/T 51129—2017）对装配率的解释是：计算单体建筑室外地坪以上的主体结构、围护墙和内隔墙、装修和设备管线等采用预制部品部件的综合比例。规定装配式建筑的装配率不低于50%，装配率为60%~75%时，评价为A级装配式建筑；装配率为76%~90%时，评价为AA级装配式建筑；装配率为91%及以上时，评价为AAA级装配式建筑。

近几年来，基于各地政府和建筑行业的积极响应和高度重视，相继出台了一系列相关政策，制定了行业、地方评价标准，以北京为例，《北京市人民政府办公厅关于加快发展装配式建筑的实施意见》（京政办发〔2017〕8号）中，对于装配式装修如内隔墙、卫生间、厨房、管线分离等子项有明确得分技术、评价要求、计算方式。

4.0.1 装配率应根据表4.0.1中评价项分值按下式计算：

$$P = \frac{Q_1 + Q_2 + Q_3}{100 - Q_4} \times 100\% \qquad (4.0.1)$$

式中：P——装配率；

Q_1——主体结构指标实际得分值；

Q_2——围护墙和内隔墙指标实际得分值；

Q_3——装修和设备管线指标实际得分值；

Q_4——评价项目中缺少的评价项分值总和。

表4.0.1　装配式建筑评分表

评价项		评价要求	评价分值	最低分值
主体结构（50分）	柱、支撑、承重墙、延性墙板等竖向构件	35%≤比例≤80%	20~30*	20
	梁、板、楼梯、阳台、空调板等构件	70%≤比例≤80%	10~20*	
围护墙和内隔墙（20分）	非承重围护墙非砌筑	比例≥80%	5	10
	围护墙与保温、隔热、装饰一体化	50%≤比例≤80%	2~5*	
	内隔墙非砌筑	比例≥50%	5	
	内隔墙与管线、装修一体化	50%≤比例≤80%	2~5*	
装修和设备管线（30分）	全装修	—	6	6
	干式工法楼面、地面	比例≥70%	6	
	集成厨房	70%≤比例≤90%	3~6*	
	集成卫生间	70%≤比例≤90%	3~6*	
	管线分离	50%≤比例≤70%	4~6*	

注：表中带"*"项的分值采用"内插法"计算，计算结果取小数点后1位。

装配式建筑装配率评分表

评价内容		评价要求	评价分值
外围护墙（22）	非砌筑★	应用比例≥80%	11
	墙体与保温、装饰一体化	50%≤应用比例<80%	5~10*
		应用比例≥80%	11
内隔墙（22）	非砌筑★	应用比例≤50%	11
	墙体与管线、饰面一体化	50%≤应用比例<80%	5~10*
		应用比例≥80%	11
全装修（10）★		—	10
公共区域装配化装修（10）	干式工法地面	60%≤应用比例<80%	1~5*
		应用比例≥80%	6
	集成管线和吊顶	60%≤应用比例<80%	1~3*
		应用比例≥80%	4
卫生间（10）	干式工法地面	70%≤应用比例<90%	1~5*
		应用比例≥90%	6
	集成管线和吊顶	70%≤应用比例<90%	1~3*
		应用比例≥90%	4
厨房（10）	干式工法地面	70%≤应用比例<90%	1~5*
		应用比例≥90%	6
	集成管线和吊顶	70%≤应用比例<90%	1~3*
		应用比例≥90%	4
管线与支撑体系（12）	电气管、线、盒与支撑体分离	50%≤应用比例<80%	1~5*
		应用比例≥80%	5
	给（排）水管与支撑体分离	50%≤应用比例<80%	1~3*
		应用比例≥80%	4
	采暖管线与支撑体分离	70%≤应用比例<100%	1~4*
BIM应用（4）	设计阶段	设计阶段	4

注：1. 表中带"★"的评价内容，评价时应满足是该项最低分值的要求。
2. 表中带"*"项的分值采用"内插法"计算，计算结果取小数点后一位。

装配式建筑评分表

发展装配式装修技术、实现住宅工业化，是行业不得不面对的新形势下的技术变革，这对装修行业的技术转型和制造业的产业升级有巨大的驱动作用。面对这样一个历史阶段，我们需要对相关概念、技术特征、技术路线和目标做一个理性的梳理，便于行业在有序的框架内讨论我们面临的问题。希望通过行业的努力，能不断创新、完善技术标准及评价体系，建立一套适合我国国情的、提升住宅整体品质的技术体系。

知识点 102　内装部品优先尺寸系列

内装部品种类繁多、功能各异。作为一个特定的产品族群，内装部品的通用规格尺寸数列，既要满足产品规格系列的适用性要求，又要符合建筑空间尺寸相互协调的要求，空间尺寸与部品尺寸应具有分解和叠加的便利性。

以模数协调导出原则，内装部品市场常用尺寸，内装部品装配技术截面、零配件、接口构造、装配间隙尺寸为依据，导出建筑内装部品优选尺寸系列。

建筑内装部品优选尺寸系列（尺寸单位：mm）

1～9	10～99	100～999	1000以上	1～9	10～99	100～999	1000以上	1～9	10～99	100～999	1000以上
1	10	100	1000	—	—	—	2550	—	—	570	5700
—	—	—	1050	—	—	270	2700	6	60	600	6000
—	12	120	1200	—	—	—	2800	—	—	650	—
—	—	—	1350	3	30	300	3000	—	—	660	6600
—	—	140	1400	—	32	320	3200	7	70	700	—
—	15	150	1500	—	—	330	3300	—	—	720	7200
—	16	—	1600	—	36	360	3600	—	—	750	—
—	—	—	1650	—	—	—	3900	—	—	—	7800
—	18	180	1800	4	40	400	4000	8	80	800	—
2	20	200	2000	—	—	420	4200	—	—	—	8100
—	—	210	2100	—	45	450	4500	—	—	840	8400
—	—	—	2250	—	—	520	—	9	90	900	9000
—	24	240	2400	—	—	540	5400	—	—	960	9600
—	25	—	2500	—	—	560	—	—	—	—	—

依据上表推荐尺寸，可进一步形成行业通用的内装部品规格系列化型谱，提供给建筑业和产品制造做参考使用。

内隔墙、饰面墙部品的通用规格优先尺寸

部品		优选尺寸系列（尺寸单位：mm）							
条板隔墙	W	600	—						
	D	75	100	125	150	175	200	—	
龙骨隔墙	W	—							
	DLG	50	75	100	120	—			
	DB	6	8	10	12	16	18	—	
饰面板/砖	W/H	100	200	400	600	800	1000	1200	后2M进级
		150	300	450	600	750	900	1200	后3M进级
	DLG	—							
	DB	4	6	8	10	12	16	18	—

注：安装完成后，人面对产品时，W为产品宽度，D为产品进深，DLG为龙骨截面尺寸，DB为板厚度。

地面部品通用规格优先尺寸

部品	规格	优选尺寸系列（尺寸单位：mm）							
基层板	W/D	1200	2400	—					
	H	12	15	16	18	20	24	—	
干式地暖	W/D	300	400	450	600	900	—		
	H	30	50	60	—				
饰面板/砖	W/D	100	150	200	300	600	800	1000	1200	后3M进级
	H	9	10	12	15	20	—		

注：安装完成后，人面对产品时，W为产品宽度，D为产品进深，H为产品高度。

集成吊顶饰面部品通用规格优先尺寸

部品	规格	优选尺寸系列（尺寸单位：mm）							
饰面板	W/D	100	150	200	300	600	800	1000	1200	后3M进级
嵌入设备	W/D	300	450	600	900	1200	—		

注：安装完成后，人面对产品时，W为产品宽度，D为产品进深，H为产品高度。

续表

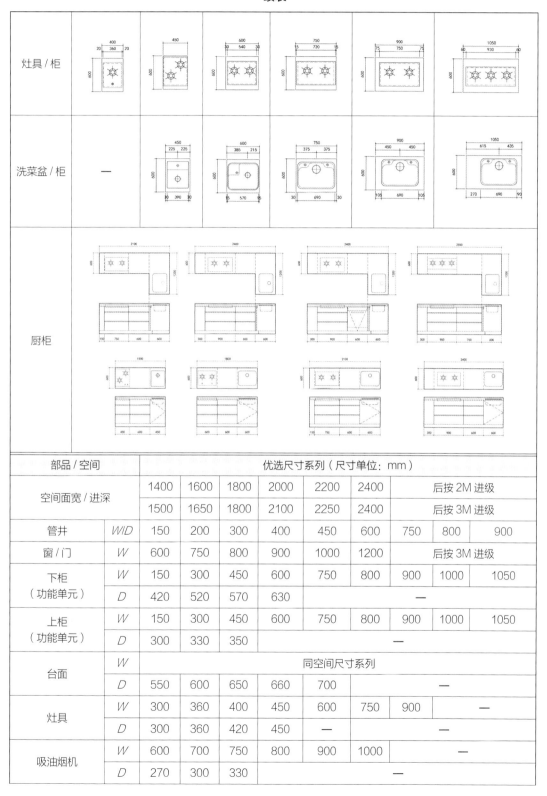

部品 / 空间		优选尺寸系列（尺寸单位：mm）								
空间面宽 / 进深		1400	1600	1800	2000	2200	2400	后按 2M 进级		
		1500	1650	1800	2100	2250	2400	后按 3M 进级		
管井	W/D	150	200	300	400	450	600	750	800	900
窗 / 门	W	600	750	800	900	1000	1200	后按 3M 进级		
下柜（功能单元）	W	150	300	450	600	750	800	900	1000	1050
	D	420	520	570	630	—				
上柜（功能单元）	W	150	300	450	600	750	800	900	1000	1050
	D	300	330	350	—					
台面	W	同空间尺寸系列								
	D	550	600	650	660	700	—			
灶具	W	300	360	400	450	600	750	900	—	
	D	300	360	420	450	—		—		
吸油烟机	W	600	700	750	800	900	1000	—		
	D	270	300	330	—					

续表

部品/空间		优选尺寸系列（尺寸单位：mm）							
洗菜盆	W	450	500	600	700	800	—		
	D	400	420	450	480		—		
嵌入式微/蒸/烤	W	450	600		—				
	D	450	550		—				
嵌入式冰箱	W	540	600		—				
	D	550		—					
	H	800	1200	1800	1950		—		
嵌入式洗碗机/消毒柜	W	450	500	600	700		—		
	D	450	550		—				

注：安装完成后，人面对产品时，W 为产品宽度，D 为产品进深，H 为产品高度。

住宅卫生间部品通用规格系列

部品/空间		优选尺寸系列（尺寸单位：mm）								
管井	W/D	200	300	400	450	600	750	800	900	—
窗/门	W	600	750	800	900	1000	1200	后按3M进级		
便溺空间面宽/进深		800	900	1000	1200	1350	1400	1500		
立式便器	D	660	680	700	720	750	—			
挂式便器	D	520	540	560	600	—				
下排水口	D	210	300	400	—					
墙排水口	H	180	210	—						
镜柜/整体盆/浴室柜	W	450	540	600	750	800	900			
	D	120	300	360	420	450	—			
洗手盆	W	360	400	450	500	540	600	750	800	900
	D	300	360	400	450	500	600	—		
沐浴空间面宽/进深		750	800	900	1000	1200	1350	1400	1500	—
浴缸	W	1200	1350	1400	1500	1600	—			
	D	700	750	800	900	1500	—			
淋浴房	W	750	800	900	1000					
	D	800	900	1000	—					
整体卫浴	W	800	900	1000	1200	1400	1500	1600	1800	—
	D	1200	1400	1500	1600	1800	2000	2200	2400	
	H	2100	2200	2400	—					

注：安装完成后，人面对产品时，W 为产品宽度，D 为产品进深，H 为产品高度。

以内装部品集中布置区域的厨房、卫生间为例，将通用化、系列化的部品尺寸根据功能需求选择性组合，形成适用于保障性住房厨房、卫生间空间净尺寸系列，供设计师参考选用。

厨房尺寸系列

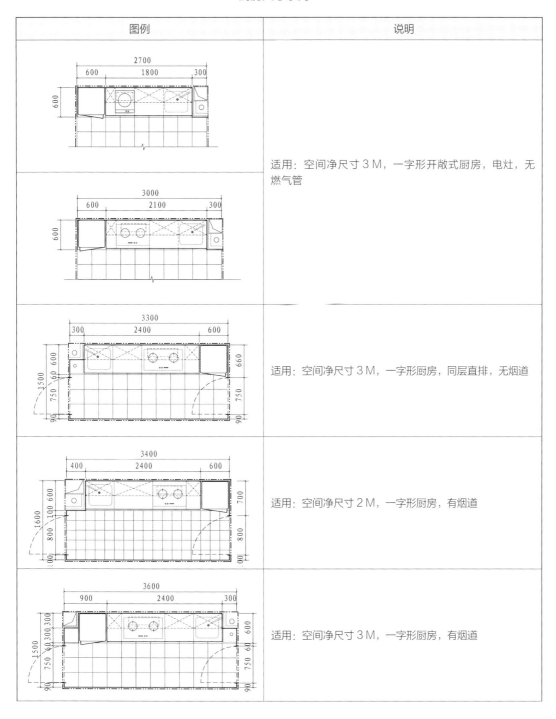

图例	说明
	适用：空间净尺寸3M，一字形开敞式厨房，电灶，无燃气管
	适用：空间净尺寸3M，一字形厨房，同层直排，无烟道
	适用：空间净尺寸2M，一字形厨房，有烟道
	适用：空间净尺寸3M，一字形厨房，有烟道

续表

图例	说明
	适用：空间净尺寸 1.5 M，L 形厨房，同层直排，无烟道
	适用：空间净尺寸 1.5 M，L 形厨房，有烟道
	适用：空间净尺寸 3 M，L 形厨房，有烟道
	适用：空间净尺寸 2 M，L 形厨房，同层直排，无烟道
	适用：空间净尺寸 1.5 M，L 形厨房，有烟道

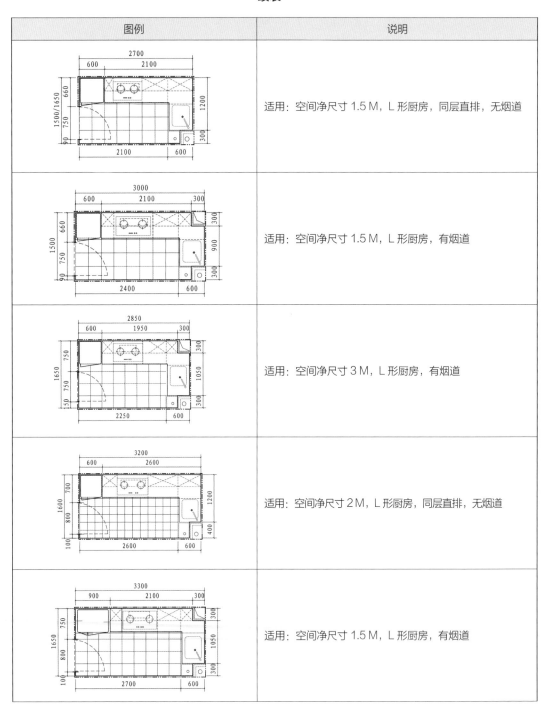

续表

图例	说明
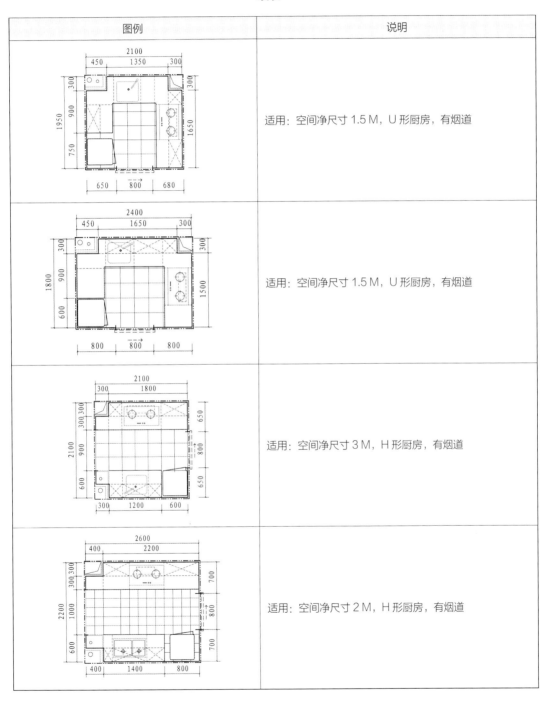	适用：空间净尺寸 1.5 M，U 形厨房，有烟道
	适用：空间净尺寸 1.5 M，U 形厨房，有烟道
	适用：空间净尺寸 3 M，H 形厨房，有烟道
	适用：空间净尺寸 2 M，H 形厨房，有烟道

卫生间尺寸系列

图例	说明
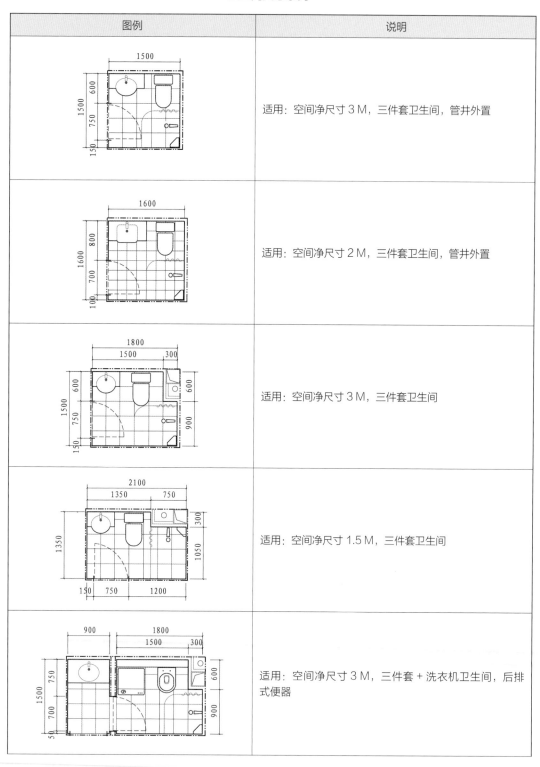	适用：空间净尺寸 3 M，三件套卫生间，管井外置
	适用：空间净尺寸 2 M，三件套卫生间，管井外置
	适用：空间净尺寸 3 M，三件套卫生间
	适用：空间净尺寸 1.5 M，三件套卫生间
	适用：空间净尺寸 3 M，三件套 + 洗衣机卫生间，后排式便器

续表

图例	说明
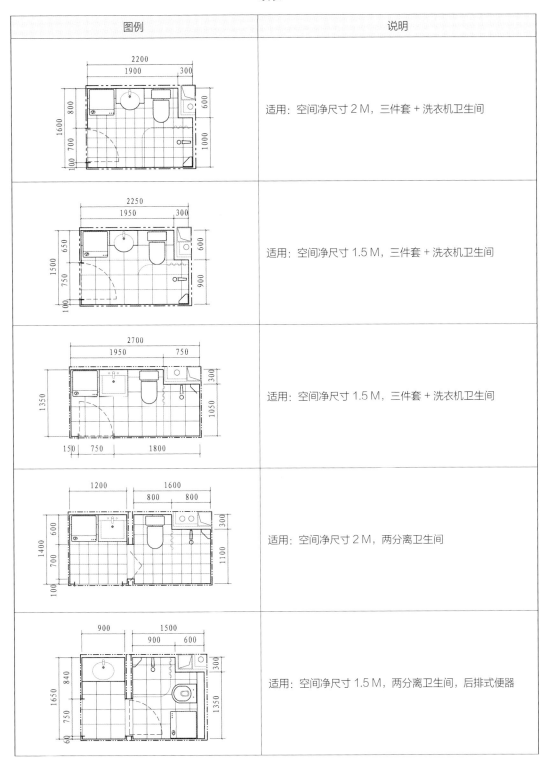	适用：空间净尺寸 2 M，三件套 + 洗衣机卫生间
	适用：空间净尺寸 1.5 M，三件套 + 洗衣机卫生间
	适用：空间净尺寸 1.5 M，三件套 + 洗衣机卫生间
	适用：空间净尺寸 2 M，两分离卫生间
	适用：空间净尺寸 1.5 M，两分离卫生间，后排式便器

续表

图例	说明
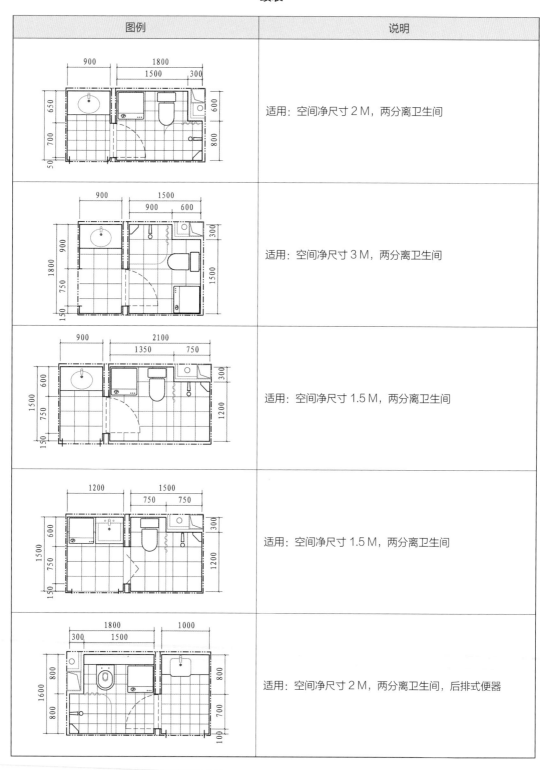	适用：空间净尺寸2M，两分离卫生间
	适用：空间净尺寸3M，两分离卫生间
	适用：空间净尺寸1.5M，两分离卫生间
	适用：空间净尺寸1.5M，两分离卫生间
	适用：空间净尺寸2M，两分离卫生间，后排式便器

附录　室内设计常用法规及标准

室内设计常用法规及标准

类型	名称	编号
条例	《建设工程勘察设计管理条例》	中华人民共和国国务院令第 293 号
	《建设工程质量管理条例》	中华人民共和国国务院令第 279 号
规章	《建设工程消防设计审查验收管理暂行规定》	中华人民共和国住房和城乡建设部令第 51 号
防火	《建筑设计防火规范》	GB 50016—2014（2018 年版）
	《建筑内部装修设计防火规范》	GB 50222—2017
	《汽车库、修车库、停车场设计防火规范》	GB 50067—2014
	《地铁设计防火标准》	GB 51298—2018
	《民用机场航站楼设计防火规范》	GB 51236—2017
	《建筑内部装修防火施工及验收规范》	GB 50354—2005
	《建筑材料及制品材料燃烧性能分级》	GB 8624—2020
通用	《民用建筑通用规范》	GB 55031—2022
	《民用建筑设计统一标准》	GB 50352—2019
	《建筑与市政工程无障碍通用规范》	GB 55019—2021
	《无障碍设计规范》	GB 50763—2012
	《建筑环境通用规范》	GB 55016—2021
	《既有建筑维护与改造通用规范》	GB 55022—2021
	《建筑节能与可再生能源利用通用规范》	GB 55015—2021
	《公共建筑节能设计标准》	GB 50189—2015
	《住宅建筑室内装修污染控制技术标准》	JGJ/T 436—2018
	《民用建筑设计术语标准》	GB 50504—2009
	《民用建筑隔声设计规范》	GB 50118—2010
	《民用建筑工程室内环境污染控制规范》	GB 50325—2020
	《公共建筑室内空气质量控制设计标准》	JGJ/T 461—2019
	《建筑照明设计标准》	GB 50034—2013
	《建筑地面设计规范》	GB 50037—2013
	《疏散平面图 设计原则与要求》	GB/T 50328—2010
评价	《绿色建筑评价标准》	GB/T 50378—2019
	《装配式建筑评价标准》	GB/T 51129—2017
	《健康建筑评价标准》	T/ASC 02—2021
制图	《建筑制图标准》	GB/T 50104—2010
	《房屋建筑制图统一标准》	GB/T 50001—2017
	《房屋建筑室内装饰装修制图标准》	JGJ/T 244—2011

续表

类型	名称	编号
规程	《公共建筑吊顶工程技术规程》	JGJ 345—2014
	《墙体材料应用统一技术规范》	GB 50574—2010
	《建筑防护栏杆技术标准》	JGJ/T 470—2019
	《建筑地面防滑技术规程》	JGJ/T 331—2014
	《建筑玻璃应用技术规程》	JGJ 113—2015
装配式	《装配式住宅建筑设计标准》	JGJ/T 398—2017
	《装配式住宅设计选型标准》	JGJ/T 494—2022
	《装配式内装修技术标准》	JGJ/T 491—2021
	《装配式整体卫生间应用技术标准》	JGJ T 467—2018
	《装配式整体厨房应用技术标准》	JGJ/T 477—2018
	《装配式建筑用墙板技术要求》	JG/T 578—2021
	《厨卫装配式墙板技术要求》	JG/T533—2018
	《居住建筑室内装配式装修工程技术规程》	DB11/T 1553—2018
	《住宅装配化装修主要部品部件尺寸指南》	—
建筑	《宿舍、旅馆建筑项目规范》	GB 55025—2022
	《办公建筑设计标准》	JGJ/T 67—2019
	《展览建筑设计规范》	JGJ 218—2010
	《商店建筑设计规范》	JGJ 48—2014
	《旅馆建筑设计规范》	JGJ 62—2014
	《饮食建筑设计标准》	JGJ 64—2017
	《体育建筑设计规范》	JGJ 31—2003
	《托儿所、幼儿园建筑设计规范》	JGJ 39—2016（2019 年版）
	《中小学校设计规范》	GB 50099—2011
	《剧场建筑设计规范》	JGJ 57—2016
	《住宅设计规范》	GB 50096—2011
	《图书馆建筑设计规范》	JGJ 38—2015
验收	《综合医院建筑设计规范》	GB 51039—2014
	《传染病医院建筑设计规范》	GB 50849—2014
	《精神专科医院建筑设计规范》	GB 51058—2014
	《交通客运站建筑设计规范》	JGJ/T 60—2012
	《科研建筑设计标准》	JGJ 91—2019
	《老年人照料设施建筑设计标准》	JGJ 450—2018
	《建筑装饰装修工程质量验收标准》	GB 50210—2018

续表

类型	名称	编号
材料有害物	《建筑材料放射性核素限量》	GB 6566—2010
	《室内装饰装修材料 地毯、地毯衬垫及地毯胶黏剂有害物质释放限量》	GB 18587—2001
	《室内装饰装修材料 胶黏剂中有害物质限量》	GB 18583—2008
	《室内装饰装修材料 聚氯乙烯卷材地板中有害物质限量》	GB 18586—2001
	《室内装饰装修材料 门、窗用未增塑聚氯乙烯 PVC-U 型材有害物质限量》	GB/T 33284—2016
	《室内装饰装修材料 木家具中有害物质限量》	GB 18584—2001
	《室内装饰装修材料 内墙涂料中有害物质限量》	GB 18582—2008
	《室内装饰装修材料 人造板及其制品中甲醛释放限量》	GB 18580—2017
	《建筑胶黏剂有害物质限量》	GB 30982—2014
材料	《陶瓷砖》	GB/T 4100—2015
	《陶瓷板》	GB/T 23266—2009
	《薄型陶瓷砖》	JC/T 2195—2013
	《陶瓷砖胶黏剂》	JC/T 547—2017
	《合成树脂乳液内墙涂料》	GB/T 9756—2018
	《建筑用水基无机干粉室内装饰材料》	JC/T 2083—2011
	《装饰单板贴面人造板》	GB/T 15104—2006
	《浸渍纸层压木质地板》	GB/T 18102—2007
	《天然花岗石建筑板材》	GB/T 18601—2009
	《天然大理石建筑板材》	GB/T 19766—2016
	《竹集成材地板》	GB/T 20240—2017
	《纸面石膏板》	GB/T 9775—2008
	《装饰石膏板》	JC/T 799—2017
	《吸声用穿孔石膏板》	JC/T 803—2007
	《金属及金属复合材料吊顶板》	GB/T 23444—2009
	《木塑装饰板》	GB/T 24137—2009
	《家具用天然石板》	GB/T 26848—2011
	《卫生陶瓷》	GB 6952—2015
	《饰面石材用胶黏剂》	GB 24264—2009
	《建筑室内用腻子》	JC/T 298—2010
	《硅藻泥装饰壁材应用技术规程》	CECS 398—2015
	《壁纸胶黏剂》	JC/T 548—2016

续表

类型	名称	编号
绿色 建材	《绿色建材评价　防水卷材》	T/CECS 10038—2019
	《绿色建材评价　纸面石膏板》	T/CECS 10056—2019
	《绿色建材评价　集成墙面》	T/CECS 10055—2019
	《绿色建材评价　钢质户门》	T/CECS 10054—2019
	《绿色建材评价　吊顶系统》	T/CECS 10053—2019
	《绿色建材评价　镁质装饰材料》	T/CECS 10052—2019
	《绿色建材评价　石膏装饰材料》	T/CECS 10049—2019
	《绿色建材评价　墙面涂料》	T/CECS 10039—2019
	《绿色建材评价　砌体材料》	T/CECS 10031—2019
	《绿色建材评价　石材》	T/CECS 10051—2019
	《绿色建材评价　建筑节能玻璃》	T/CECS 10034—2019
	《绿色建材评价　树脂地坪材料》	T/CECS 10046—2019
	《绿色建材评价　空气净化材料》	T/CECS 10045—2019
绿色 产品	《绿色产品评价　人造板和木质地板》	GB/T 35601—2017
	《绿色产品评价　涂料》	GB/T 35602—2017
	《绿色产品评价　卫生陶瓷》	GB/T 35603—2017
	《绿色产品评价　墙体材料》	GB/T 35605—2017
	《绿色产品评价　纸和纸制品》	GB/T 35613—2017
	《绿色产品评价　木塑制品》	GB/T 35612—2017
	《绿色产品评价　纺织产品》	GB/T 35611—2017
	《绿色产品评价　防水与密封材料》	GB/T 35609—2017
	《绿色产品评价　家具》	GB/T 35607—2017
	《绿色产品评价　塑料制品》	GB/T 37866—2019
	《绿色产品评价　建筑玻璃》	GB/T 35604—2017
	《绿色产品评价　陶瓷砖（板）》	GB/T 35610—2017